楽しい数学

（第2版）

数学基礎学力研究会

東京図書株式会社

はしがき

　皆さんのなかには，数学はどうも苦手だ．数学の本を見ただけでねむくなってしまうという人が多いのではないかと思います．なぜこのような人が多くなってしまったのでしょうか．考えてみますと，どうも教科書が理解できないことと，数学のおもしろさがわからないことに原因があるようです．

　よく知られているように，数学は論理的な積み重ねの学問です．したがって，ある所でつまずくと一歩も先に進めなくなってしまいます．とくに，教科書が理解できなければ，数学の時間は昼寝ということになってしまうわけです．

　しばらく前に，文系大学生の半数程度は分数の計算ができなかったと新聞が伝えました．しかし最近は，理系大学生についても同様な調査が行われ，誤答が３割を越すといわれます．まったく驚天動地！　これは日本だけのことかと思ったら，今年の夏に行われた数学教育の国際学会で同様の問題が外国の研究者から報告され，日本だけではないこともわかりました．

　このことは，理工系大学にとって，否大学のみならず世界の将来にとって大変なことであります．

　このような事態に鑑みて，現場の先生と大学の先生とで「数学基礎学力研究会」をつくり，いろいろな問題点や解決法について，会合をもって議論してきました．本書は，これらの成果のひとつの試みとして"だれにでもわかって楽しくなる数学"を目標に編集したものです．

　この目標を達成するために教科書の理解に的をしぼって解説し，教科

書の内容を精選し，学習の単純化を図りました．本書は，内容的には高等学校の「数学Ⅰ」程度の範囲ですが，中学校における数学の理解が確かでない人にもわかるよう，とくに心がけました．また，第2版を機に内容を新たに，実生活に関係深い確率を入れました．

　本書の特徴は，おおむね次のとおりです．

１．数学を楽しく学習できるようにくふうしました．

　公式を前面に出すことをさけ，実生活に関係した話を探し，場合によっては，エッセンスを会話の形で親しみやすくしました．さらに，トピックスのコーナーを設けて数学に興味をもつよう心がけました．

２．自然に無理なく学習できるようにしました．

　とくに身につけてほしい事がらに関する問題については，解法に参加できるよう記入方法をとり入れました．

３．まちがいやすいところにコーナーを設けて，とくにくわしく解説しました．

　数学はもともと順序正しく学習すれば，理解するのはやさしい科目です．本書は，だれにでも理解できるような教科書の解説書です．本書がおおいに利用され，すこしでも多くの人たちが数学に親しみと楽しさを見出され，大成されることを願っております．

　本書の出版に当たって，いろいろ心くばりをしていただき，原稿の整理，調整などお骨折りいただいた東京図書株式会社須藤静雄編集部長，また印刷所の皆さんにもお手数をかけました．ここに併せて感謝の意を表します．

平成 12 年 9 月　　　　　　　　　　数学基礎学力研究会

目　次

◆装幀　三浦康博
◆イラスト　大石おかず（1953 年 栃木県葛生町生れ）

第1章　数と式

この章では数の計算をもとにして文字を含んだ式の計算方法を説明します
知っているところは飛ばして先に進んでください。

§1 整　　式

① 整式のたし算，引き算

▶▶ 単項式

まず，よく知られているルールから始めます．たとえば

$$3 \times 3 = 3^2$$

ですね．では次の問題をやってみましょう．

問題1. $\square \times \square = \square^2$ と書くとき，$\square \times \square \times \square = \square^3$ となります．
では，$\square \times \square \times \square \times \square \times \square$ はどう表されるでしょうか．

解 $\square$ の右上に小さく5を書きます． **答** $\square^5$

$\square$ の中に2を入れると，$2^5 = 2 \times 2 \times 2 \times 2 \times 2 = 32$ となります．

一般に $x \times x$ を x^2 と書き，x の2乗とよみます．このとき，かけ合わせた文字の個数を**次数**といいます．たとえば，$6x^2$ の次数は2，$x^3 y^2$ は $x \times x \times x \times y \times y$ ですから次数は5です．とくに，x の次数は1です．さらに次数が n の式を **n次式**といいます．

問題2. $3 \times \square = 3\square$ と書くとき，$8 \times \square \times \square \times \square = 8\square^3$ となります．では，$-6 \times \square \times \square$ はどうなるでしょうか．

解 -6 に $\square^2$ をかけ合わせます． **答** $-6\square^2$

$\square$ に 3 を入れると $-6 \times 3^2 = -6 \times 9 = -54$ となります．

$$-6 \times 3^2 = -18^2$$

としないようにしてください．かけ算より 3^2 の計算のほうが優先されます．

なるべく簡単なほうがいいので，数字どうしのかけ算以外では × を省略します．それで，一般に $3 \times x$ を $3x$ と書きます．とくに，$-6x^2$ や x^3y^2 などのようにかけ算だけを用いて得られる式を**単項式**といいます．さらに単項式の数字の部分を**係数**といいます．たとえば，$3x$ の係数は 3 で，x^3y^2 の係数は 1 です．0 ではありません．$(-1) \times x^3y^2$ を $-x^3y^2$，$1 \times x^3y^2$ を x^3y^2 と書き，係数 1 はふつう省略します．

▶▶ 多項式

いくつかの単項式を加えたり，引いたりした形の式を**多項式**といいま

す. また多項式をつくるそれぞれの単項式を**項**といいます. さらに多項式と単項式をまとめて, **整式**といいます.

さて次数はそれが大きいほど高いといい, その逆を次数が低いといいます. 多項式はふつう次数の高い順に並べて整理します. この並べ方を**降べきの順**といいます. さらに整式において, 最も高い次数の項の次数をその整式の次数といいます. たとえば, x^4+x^3+x+2 の次数は 4 です.

問題3. 次の多項式を降べきの順に並べ, 式の次数を書きなさい.

   (1) $-7x+6+4x^2$ (2) $3x^2-x^3-15$

解 (1) 最初の項は $+4x^2$ ですが, ＋は省略します. x^2 の次数 2 が式の次数となります.   **答** $4x^2-7x+6$, 次数 2

(2) $-x^3$ の－を忘れないようにしてください. x^3 の次数 3 が式の次数となります.   **答** $-x^3+3x^2-15$, 次数 3

6 や -15 のように数字だけの項をとくに**定数項**といいます.

▶▶ 同類項

整式のなかに含まれる文字の部分が同じ項を**同類項**といいます. 同類項は係数だけを計算してまとめられます. たとえば

$$3x+4x=(3+4)x=7x$$

となります.

では, 係数だけの計算練習をしましょう.

問題4. 次の計算をしなさい.

   (1) $-3-4$ (2) $-4+7$ (3) $1-5$

解

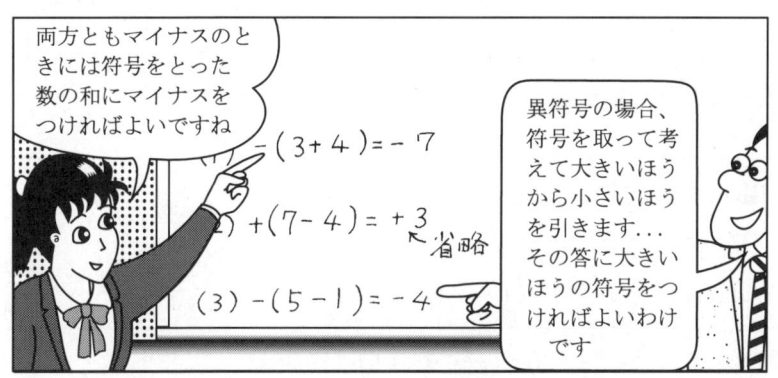

わからないときは数直線（83 ページ参照）で考えてみてください.

＋はその数だけ右へ，－はその数だけ左へ進み目盛りを読んでください. たとえば$-3-4$の計算は下の図のようにします.

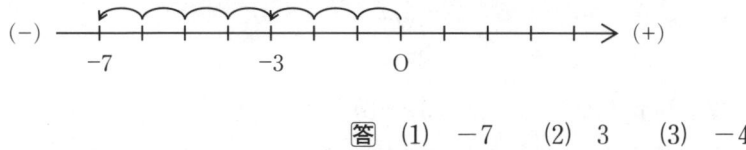

答　(1)　-7　　(2)　3　　(3)　-4

暗算で正確な答が出せるようにしてください.

問題5.　次の整式の同類項をまとめ，降べきの順に整理しなさい.

(1)　$-3x+2-4x$　　　　(2)　$x^3-4x^2-5x^3+2x+7x^2-2x$

解　(1)　$-3x-4x+2$
　　　　$=(-3-4)x+2$
　　　　$=-7x+2$　（答）

(2)　$x^3-5x^3-4x^2+7x^2+2x-2x$
　　　$=(1-5)x^3+(-4+7)x^2$
　　　$=-4x^3+3x^2$　（答）

▶▶ 整式のたし算, 引き算

まず, 2つの整式のたし算と引き算を行います. たす場合はそのまま
たし, 引く場合は引く式の各項の符号＋を－に, －を＋にしてから, 同
類項をまとめて降べきの順に整理します.

問題6.　次の計算をしなさい.

(1)　$(4x^2+2x-3)+(x^2-3x+5)$

(2)　$(4x^2+2x-3)-(x^2-3x+5)$

解　(1)　$(4x^2+2x-3)+(x^2-3x+5)$

そのまま（　）をはずします.

$$=4x^2+2x-3+x^2-3x+5$$

同類項を集めて

$$=4x^2+x^2+2x-3x-3+5$$
$$=(4+1)x^2+(2-3)x+(-3+5)$$
$$=5x^2-x+2 \quad \text{（答）}$$

(2)　$(4x^2+2x-3)-(x^2-3x+5)$

－のあとの（　）の中の符号＋を－に, －を＋にして, たします.

$$= (4x^2+2x-3)+(-x^2+3x-5)$$
$$= 4x^2+2x-3-x^2+3x-5$$
$$= 4x^2-x^2+2x+3x-3-5$$
$$= (4-1)x^2+(2+3)x+(-3-5)$$
$$= 3x^2+5x-8 \quad \text{(答)}$$

3つ以上の整式についても同じように計算できます.

問題7. $A=x^2+4x-3$, $B=3x^2-2x+4$, $C=-x^2+1$ のとき, $A-(B-C)$ を求めなさい.

解 このような問題のとき, まず $A-(B-C)$ の ( ) をはずして簡単にしてから式をあてはめます.

$$A-(B-C)=A-B+C$$
$$= (x^2+4x-3)-(3x^2-2x+4)+(-x^2+1)$$
$$= x^2+4x-3-3x^2+2x-4-x^2+1$$
$$= x^2-3x^2-x^2+4x+2x-3-4+1$$
$$= -3x^2+6x-6 \quad \text{(答)}$$

もちろん $(B-C)$ を先に計算し, A から引いても同じ答になります.

$\times\times\times$ 健二君のまちがいコーナー $\times\times\times$

基本がダメだ

$4x - x + 5$

$= 4 + 5$

$=$

正解
$=(4-1)x+5$
$=3x+5$

② 整式のかけ算

▶▶ 指数の計算

同じ文字のかけ算の簡単な計算方法を学びましょう．まず

$$a = a^1$$
$$a \times a = a^2$$
$$a \times a \times a = a^3$$
$$\cdots\cdots\cdots$$
$$\underbrace{a \times a \times a \times \cdots \times a}_{n\ \text{個}} = a^n$$

となります．$a^1, a^2, a^3, a^4, \cdots$ を a の**累乗**といい，a の右上に小さく書いた $1, 2, 3, 4, \cdots$ を**指数**といいます．a^1 は a のことで，指数 1 はふつう省略します．

問題8. 次の式を計算しなさい．

(1) $a^3 \times a^2$ (2) $(a^3)^2$

解 (1) $(a \times a \times a) \times (a \times a) = a^5$ （**答**）

(2) $(a \times a \times a) \times (a \times a \times a) = a^6$ （**答**）

この方法は指数が大きくなると不便です．そこで次のように考えます．

▶▶ 単項式のかけ算

単項式のかけ算は，たとえば次のようにします．

$$-3a^2 \times 5a \times (-2a^3)$$
$$= (-3) \times 5 \times (-2) \times a^2 \times a \times a^3$$
$$= 30 \times a^{2+1+3}$$
$$= 30a^6$$

まず，係数だけの計算練習をしましょう．

問題 9. 次の計算をしなさい．

(1) $(-7) \times 5$ (2) $3 \times (-1) \times (-4)$

解 (1) 符号はマイナスが奇数個ならばマイナスです．ここではマイナスの符号が1個だからマイナスです． 答 -35

(2) マイナスが0または偶数個ならばプラスです．ここではマイナスの符号が2個だからプラスです． 答 12

問題 10. 次の計算をしなさい．

(1) $(-7a^3) \times 5a^2$ (2) $3x^3 \times (-x^2y^2) \times (-4y)$

解 (1) $(-7) \times 5 \times a^3 \times a^2 = -35a^5$ （答）

(2) $3 \times (-1) \times (-4) \times x^3 \times x^2y^2 \times y = 12x^5y^3$ （答）

▶▶ 多項式のかけ算

次に単項式と多項式のかけ算と，多項式どうしのかけ算を練習してみましょう．

問題11. 次の計算をしなさい.

  (1) $3a(a^2-4a+2)$ (2) $(x+2)(x^2-3x+1)$

解 (1) $3a \times a^2 - 3a \times 4a + 3a \times 2 = 3a^3 - 12a^2 + 6a$ （答）

   (2) $x(x^2-3x+1) + 2(x^2-3x+1) = x^3 - 3x^2 + x + 2x^2 - 6x + 2$

$$= x^3 - 3x^2 + 2x^2 + x - 6x + 2$$

$$= x^3 - x^2 - 5x + 2 \quad （答）$$

多項式のかけ算をおこなって1つの整式にすることを**展開する**といいます. 問題11のように項を降べきの順に整理してから展開しましょう. 最後に同類項をまとめ, 再び降べきの順に整理します.

問題12. 次の式を展開しなさい.

  (1) $(a-b)^2$ (2) $(a+b)(a-b)$

解 (1) $(a-b)(a-b)$ (2) $a^2 - ab + ba - b^2$

     $= a^2 - ab - ba + b^2$ $= a^2 - b^2$ （答）

     $= a^2 - 2ab + b^2$ （答）

(1)，(2)ともに公式として問題と答を覚えておくと便利です．

健二君のようなまちがいをしないためにも，次の展開を長方形の面積と比べて考えてみましょう．

$$(ax+b)(cx+d)$$
$$= acx^2 + adx + bcx + bd$$
$$= (1)+(2)+(3)+(4)$$

正方形の面積のときは（　　）^{2} の形の展開をよく思い出してください．

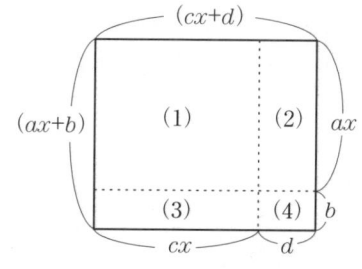

次に，整式を 3 つ以上かけ合わせる場合を考えましょう．まず，整式を 2 つずつ展開します．できた整式をまた 2 つずつ展開し，最後に 1 つの整式にすればよいわけです．たとえば

$$(a+b)^3 = (a+b)(a+b)(a+b)$$
$$= (a^2+2ab+b^2)(a+b)$$
$$= a^3 + a^2b + 2a^2b + 2ab^2 + b^2a + b^3$$
$$= a^3 + 3a^2b + 3ab^2 + b^3$$

注意することは，一度に全部をかけ合わせないようにすることと，ab^2 と b^2a が同類項であるということです．答を公式として覚えておくと便利です．

問題13. 次の式を展開しなさい.

(1) $(x-y)^3$ 　　(2) $(x-y)(x^2+xy+y^2)$

解 (1) $(x-y)(x-y)(x-y)=(x^2-2xy+y^2)(x-y)$

$$=x^3-x^2y-2x^2y+2xy^2+xy^2-y^3$$

$$=x^3-3x^2y+3xy^2-y^3 \quad (\text{答})$$

(2) $x^3+x^2y+xy^2-x^2y-xy^2-y^3=x^3+x^2y-x^2y+xy^2-xy^2-y^3$

$$=x^3-y^3 \quad (\text{答})$$

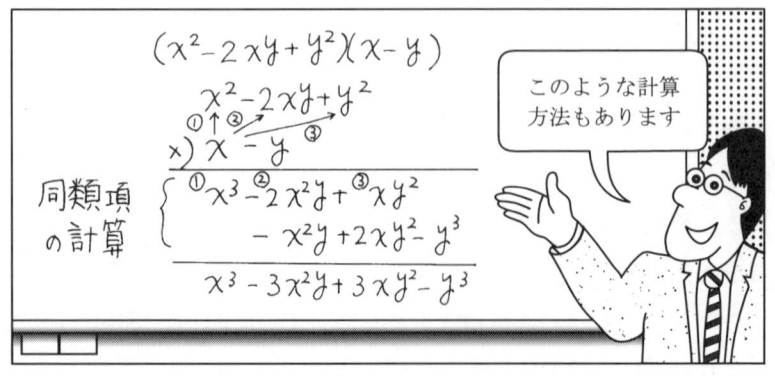

TOPICS

（−）と（−）をかけると（＋）になる話

（速度)×(時間)＝(距離）の例で考えましょう．たとえば時速3kmの速さで2時間歩くと6km歩くことになりますね．下図においてA地点からB地点に向かって時速3kmの速度で歩いて現在P地点にいるとします．

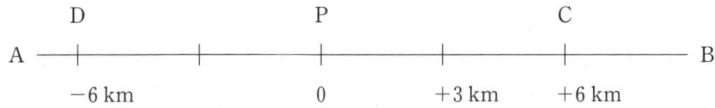

2時間後にはC地点ですね．では，2時間前にはどこにいたでしょう．Bに向いてうしろ向きに6kmのD地点ですね．2時間前を−2として，3×(−2)＝−6kmとなります．C地点もD地点もP地点から6kmの距離になりますが，B地点のほうに＋，A地点のほうに−の符号を付けることによって区別できます．

次にB地点に向いてうしろ向きに時速3kmの速さで歩いて現在P地点にいるとします．2時間後にはD地点ですね．では，2時間前にはどこにいたでしょう．B地点に向かうのを＋とすると，うしろ向きなので時速−3kmになり，2時間前ですからC地点になりますね．つまり，

$$(-3)\times(-2)=6\,\text{km}$$

となります．

ここで，P地点にいるときの時間を基準に未来を＋，過去を−にしています．

わかったかなぁ？ なに，6kmも歩けないって！ 体をもっと鍛えなさい！

③ 因数分解

整式の展開ができるようになったところで，その逆の計算にあたる因数分解を考えましょう．数学では逆を考えることが大切です．

▶▶ 共通因数のある場合

問題14. 次の計算を暗算でしなさい．
$$19.6 \times 2 + 19.6 \times 5 + 19.6 \times 3$$

解 $39.2 + 98 + 58.8 = 196$ （**答**）

暗算の得意な人はすぐに解けると思いますが，よく式を見てください．同じ数に $2, 5, 3$ をかけていますね．ですから，$2+5+3$ を計算してから 19.6 をかけてもよいわけです．つまり

$$19.6 \times 2 + 19.6 \times 5 + 19.6 \times 3 = 19.6 \times (2+5+3)$$
$$= 19.6 \times 10$$

これなら，暗算で答 196 がだせますね．整式でやってみましょう．

問題15. 次の式を $19.6 \times (2+5+3)$ のような形にしなさい．
$$a \times x + a \times y + a \times z$$

解 $a \times (x+y+z) = a(x+y+z)$ （**答**）　（ $\times$ は省略します）

$a(xyz)$ とした人はいませんか．これは $a \times (x \times y \times z)$ のことです．

さて，$ax+ay+az$ を a と $(x+y+z)$ の積にすることができたわけです．このように多項式を整式の積の形にすることを**因数分解**するといいます．また，a や $(x+y+z)$ を $ax+ay+az$ の**因数**といい，a のように各項に共通な因数を（　　）の前や後にだすことを**共通因数をくく**

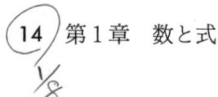

りだすといいます.

問題 16. 次の式を因数分解しなさい.

(1) $ab+bc$ (2) x^2+3x

解 (1) 共通因数 b をくくりだして, $b(a+c)$ （**答**）

(2) 共通因数 x をくくりだして, $x(x+3)$ （**答**）

ふつうは (単項式)(多項式) の順で, さらに a, b, c の順に書きます. そのほうが見やすいので計算まちがいが防止できます. しかし, 逆に書いても正解です.

共通因数は単項式とは限りません. 多項式のときは, 共通因数を A とか X と書き換えて考えてみましょう.

問題 17. 次の式を因数分解しなさい.

$$(x-1)(y+2)+(x-1)(y+3)$$

解 $x-1=X$ と書き換えて

$$X(y+2)+X(y+3)=X(y+2+y+3)$$
$$=X(2y+5)$$

X をもとにもどして

$$=(x-1)(2y+5) \quad （\text{答}）$$

となります. 慣れたら X と書き換えずにそのまま共通因数をくくりだしてください. 与えられた式を展開しないようにしてください.

▶▶ x^2+mx+n **の形**

たとえば x^2+5x+6 には共通因数がありません. しかし, $(x+a)(x+b)$ と因数分解できると考えてその a と b を求めてみましょう.

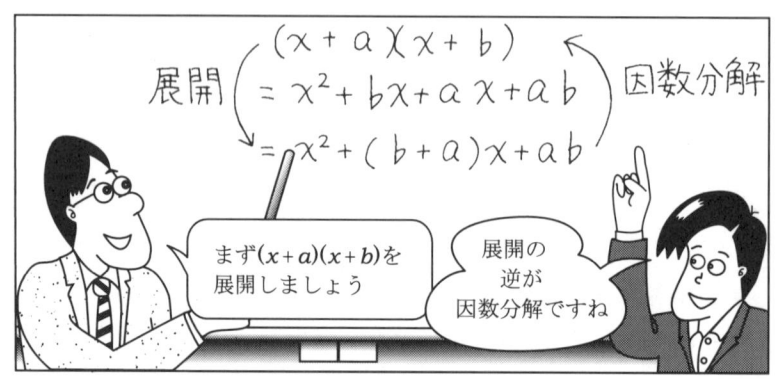

クイズと思って x^2+5x+6 を因数分解してみましょう．

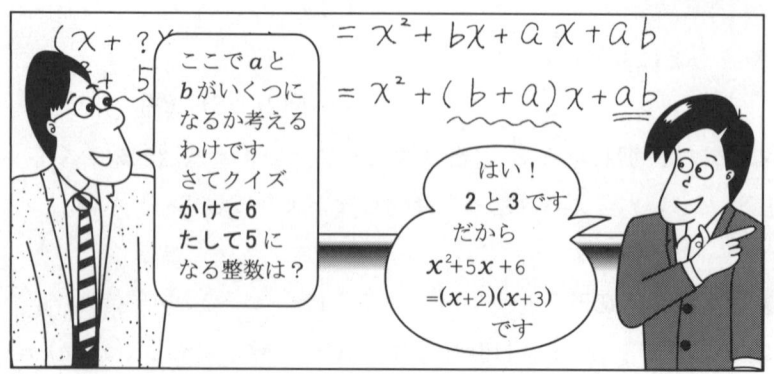

答は $(x+2)(x+3)$ でも $(x+3)(x+2)$ でも正解です．

問題18.	次の式を因数分解しなさい.

問題18.　次の式を因数分解しなさい.

(1)　$x^2+8x+15$　　　　(2)　$y^2-9y+18$

(3)　a^2+3a-4　　　　(4)　$p^2-7p-30$

解　文字が y でも a でも x と同じ方法で因数分解できます.

(1)　かけて 15，たして 8 になる数を考えると，3 と 5 になります．x^2 の係数と x の係数と定数項が共にプラスのときは，2 つの数も共にプラスです.　　　　　　　　　　答　$(x+3)(x+5)$

(2)　かけて 18，たして -9 になる数は，-3 と -6 です．y^2 の係数と定数項がプラスなのに y の係数がマイナスのときは，2 つの数は共にマイナスです.　　　　　　　　　　答　$(y-3)(y-6)$

(3)　かけて -4，たして 3 になる数は，4 と -1 です．定数項だけがマイナスのときは，2 つの数はプラスとマイナスになります.

答　$(a+4)(a-1)$

(4)　かけて -30，たして -7 になる数は，3 と -10 です.

答　$(p+3)(p-10)$

次の問題は形が特殊ですが，問題 18 と同じように因数分解できます.

問題19.　次の式を因数分解しなさい.

(1)　x^2-4　　　　(2)　x^2-y^2

解　(1)　$x^2-4=x^2+0\times x-4$ と考えられます．したがって，かけて -4，たして 0 になる数は，2 と -2 です.　　　答　$(x+2)(x-2)$

答を展開すると x^2-4 にもどりますのでやってみてください.

(2)　(1)の -4 が $-y^2$ に置き換わったと考えられます．したがって，かけて $-y^2$，たして 0 になる数は，y と $-y$ です.　　　答　$(x+y)(x-y)$

(1)を x^2-2^2 と考えれば(2)と同じ形です．これらは公式として『2乗の差，たし算，引き算，かけ合わせ』と覚えると便利です．

▶▶ Ax^2+Bx+C の形

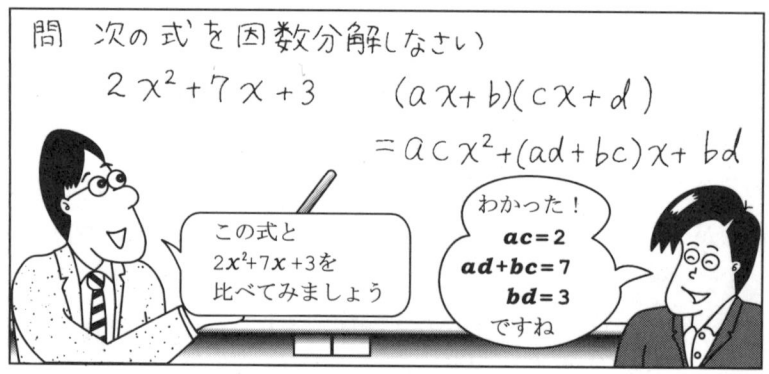

前にやった x^2+mx+n の形は Ax^2+Bx+C の形の $A=1$ の場合です．

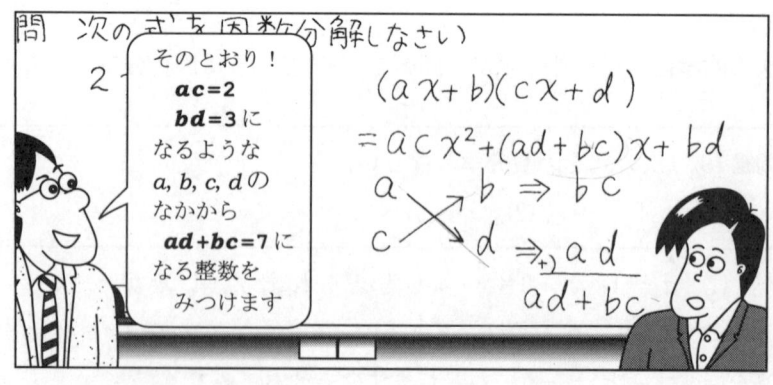

この章の問題では a, b, c, d が整数で解けるようにできています.

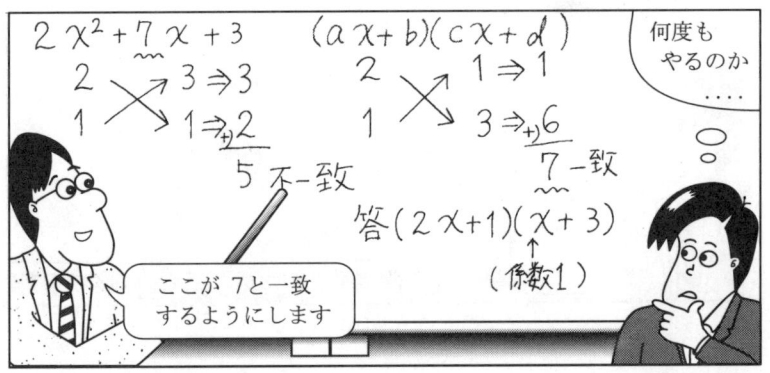

問題20. 次の式を因数分解しなさい.

(1) $2x^2-7x+3$　　(2) $6x^2+11x+4$

解 (1)

$$
\begin{array}{cc}
2 & \searrow \quad -1 \Rightarrow -1 \\
1 & \nearrow \quad -3 \Rightarrow \underline{-6}\,(+ \\
& -7
\end{array}
$$

(2)

$$
\begin{array}{cc}
2 & \searrow \quad 1 \Rightarrow 3 \\
3 & \nearrow \quad 4 \Rightarrow \underline{8}\,(+ \\
& 11
\end{array}
$$

答 $(2x-1)(x-3)$　　答 $(2x+1)(3x+4)$

b と c の位置をまちがえないようにしましょう. また, x^2 の係数がマイナスのとき以外は a, c にマイナスの値を入れないようにします. 試行錯誤的にみつけてもよいのですが, 順を追って少し考えながら行うと, 早くみつかります. さらに, 確かめるために, 必ず展開してみましょう.

▶▶ いろいろな因数分解

形は少し複雑になりますが，いままでに学んだ方法で因数分解できる
ものを考えましょう．

問題21. 次の式を因数分解しなさい．

(1) $(a+b)^2+8(a+b)+15$　(2) x^4+3x^2-4　(3) $x^2+2xy+y^2$

解 (1) $a+b=A$ とおくと，もとの式は次のようになります．

$$A^2+8A+15=(A+3)(A+5)$$

ここで，A をもとにもどして

$$(a+b+3)(a+b+5) \quad (答)$$

(2) $x^2=X$ と書き換えると，もとの式は次のようになります．

$$X^2+3X-4=(X+4)(X-1)$$

ここで，X をもとにもどして

$$(x^2+4)(x^2-1)=(x^2+4)(x+1)(x-1) \quad (答)$$

(3) $2y$ を x の係数と考えます．かけて y^2，たして $2y$ になるのは y
と y です．つまり

$$x^2+2xy+y^2=(x+y)(x+y)=(x+y)^2 \quad (\text{答})$$

(1)では，$(a+b)^2$ を展開しないようにしましょう．(2)では，(x^2-1) のところで止めてしまう人がいます．(3)では，$(\quad)^2$ の形にするのを忘れないようにしましょう．

‼ ポイントコーナー

　因数分解するとき，定数項がない場合は共通因数を見つけてください．定数項があるときは問題 18 のようにして符号を考えながら 2 つの数を探してください．慣れるとすぐに数字が頭に浮かぶようになります．そのためには自分で問題をつくって解いてください．たとえば，$(x+2)(x+3)$ を展開します．次に求めた x^2+5x+6 を因数分解します．友達どうしでやってみてください．

　ここで覚えた因数分解はこのあとの§2 の分数式や第 2 章の方程式を解くときに必ず使いますので，忘れないようにしてください．また因数が同じ場合 $(x+a)^2$ の形になりますが，これは，第 2 章で 2 次関数の頂点を求めるときに使います（68 ページ参照）．

1. $A=x^2-4x-21$, $B=5x+2$, $C=2x^2+9x-5$ のとき，次の式を計算しなさい.

    (1) $A-C$ (2) $4B$ (3) $A-(3B-C)$

2. 次の式を展開しなさい.

    (1) $(2y-5)(2y+5)$ (2) $(a^2+6a+9)(a-3)$

3. 次の式を因数分解しなさい.

    (1) $x^2-4x-21$ (2) x^3-4x

    (3) $6(a-b)^2+7(a-b)-3$

[解答]

1. (1) $(x^2-4x-21)-(2x^2+9x-5)$

    $=x^2-4x-21-2x^2-9x+5$

    $=x^2-2x^2-4x-9x-21+5$ （同類項をまとめます）

    $=(1-2)x^2+(-4-9)x-21+5$ （係数の計算をします）

    $=-x^2-13x-16$ （答）   （降べきの順にします）

  (2) $4(5x+2)=4\times5x+4\times2=20x+8$

  (3) $A-(3B-C)=A-3B+C$

        $=(x^2-4x-21)-3(5x+2)+(2x^2+9x-5)$

        $=x^2-4x-21-15x-6+2x^2+9x-5$

        $=x^2+2x^2-4x-15x+9x-21-6-5$

        $=(1+2)x^2+(-4-15+9)x-21-6-5$

        $=3x^2-10x-32$ （答）

2. (1) $(2y-5)(2y+5)=(2y)^2+10y-10y-25=4y^2-25$ （答）

  (2) $(a^2+6a+9)(a-3)=a^3-3a^2+6a^2-18a+9a-27$

          $=a^3+3a^2-9a-27$ （答）

3. (1) かけて-21，たして-4となる数は，3と-7です.

                         答 $(x+3)(x-7)$

(2) まず, 共通因数の x をくくりだしてから, 因数分解します.
$$x(x^2-4)=x(x+2)(x-2) \quad \text{(答)}$$

(3) $a-b=A$ と書き換えると, もとの式は次のようになります.
$$6A^2+7A-3$$

ⓐ 2 ⟍↗ ⓑ $-1=-3$ ⓐ 2 ⟍↗ ⓑ $3=$ 9

ⓒ 3 ↗↘ ⓓ $3=$ <u> 6 </u>(+   ⓒ 3 ↗↘ ⓓ $-1=$<u>-2</u>(+

             3   不一致   7   一致

$$(2A+3)(3A-1)$$

ここで, A をもとにもどして
$$=\{2(a-b)+3\}\{3(a-b)-1\}$$
$$=(2a-2b+3)(3a-3b-1) \quad \text{(答)}$$

§2 分 数 式

① 約数と倍数

$2\times3=6$ ですね. このとき, 2 や 3 を 6 の約数といい, 6 を 2 や 3 の倍数といいます. 整式の場合でも, 同じように
$$x^2+5x+6=(x+2)(x+3)$$
ですから, $x+2$ や $x+3$ を x^2+5x+6 の**約数**といい, x^2+5x+6 は $x+2$ や $x+3$ の**倍数**と呼ばれます.

問題22. 12 と 18 の最大公約数および最小公倍数を求めなさい.

解 12 と 18 の約数において, 共通な約数は $1,2,3,6$ です. そのうちで最大な公約数は 6 です. また, 12 の倍数は $12,24,36,48,60,72,\cdots$.

18 の倍数は 18, 36, 54, 72, … です．したがって，共通な倍数は 36, 72, …
で，最小な倍数は 36 です．

　このやり方では，共通でない約数や倍数を求めなくてはなりません．
そこで，12 と 18 を素数の積の形にします．これを**素因数分解**といいま
す．

$$12 = 2 \times 2 \times 3$$
$$18 = 2 \quad\quad \times 3 \times 3$$

ゆえに，　　　　　　　最大公約数は　$2 \quad \times 3 \quad = 6$

また，　　　　　　　　最小公倍数は　$2 \times 2 \times 3 \times 3 = 36$

　整式の場合は，共通な約数のうちで，最も次数の高いものを**最大公約
数**といい，共通な倍数のうちで，最も次数の低いものを**最小公倍数**と
いいます．

問題 23.　$x^2 + 5x + 6$ と $x^2 + 8x + 15$ の最大公約数および最小公倍
　　数を求めなさい．

解　それぞれ因数分解する．

$$x^2 + 5x + 6 = (x+2)(x+3)$$
$$x^2 + 8x + 15 = \quad\quad (x+3)(x+5)$$

ゆえに，　　　　　　（答）最大公約数は　$(x+3)$

また，　　　　　　　（答）最小公倍数は　$(x+2)(x+3)(x+5)$

　最小公倍数は分数式のたし算，引き算で通分するとき使いますのでし
っかり覚えておきましょう．

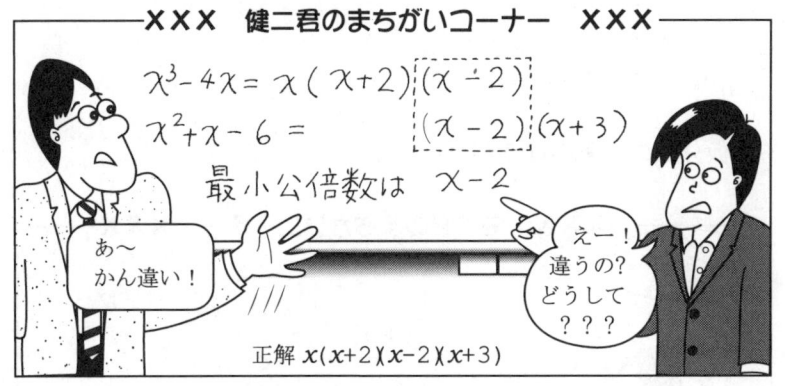

② 分数式の計算

▶▶ 分数の約分, かけ算, わり算

分数式の計算を始める前に, 少しウォーミングアップをしましょう.

問題 24.　次の分数を約分しなさい.

(1)　$\dfrac{12}{18}$　　　　(2)　$\dfrac{300}{500}$

解　(1)　$\dfrac{12}{18} = \dfrac{\overset{1}{\cancel{2}} \times 2 \times \overset{1}{\cancel{3}}}{\cancel{2} \times \underset{1}{\cancel{3}} \times 3} = \dfrac{2}{3}$　（答）　(2)　$\dfrac{300}{500} = \dfrac{3 \times \overset{1}{\cancel{100}}}{5 \times \underset{1}{\cancel{100}}} = \dfrac{3}{5}$　（答）

素因数分解までしなくてもよいですから, 約数のかけ算の形にしてから約分します.

次に, 簡単ですがまちがいやすい問題を解いてみましょう.

問題 25.　$\dfrac{3+6}{6}$ を約分しなさい.

解　$\dfrac{3+6}{6} = \dfrac{9}{6} = \dfrac{3 \times \overset{1}{\cancel{3}}}{2 \times \underset{1}{\cancel{3}}} = \dfrac{3}{2}$　（答）

答は仮分数のままのほうがよいでしょう．

では，次に分数のかけ算，わり算を練習しましょう．

問題 26.　次の計算をしなさい．

(1) $\dfrac{5}{8} \times \dfrac{2}{5}$　　　　(2) $\dfrac{5}{8} \div \dfrac{2}{5}$

解　(1) $\dfrac{\overset{1}{\cancel{5}} \times \overset{1}{\cancel{2}}}{\underset{1}{\cancel{2}} \times 4 \times \underset{1}{\cancel{5}}} = \dfrac{1}{4}$　（答）　　(2) $\dfrac{5}{8} \times \dfrac{5}{2} = \dfrac{5 \times 5}{8 \times 2} = \dfrac{25}{16}$　（答）

(2)は $\dfrac{2}{5}$ を逆数にしてかけますね．ここで約分できるときは，分子ど

うし分母どうしをかけ合わせる前に約分しましょう．

▶▶ 分数式の約分

分数と同じように分数式も分母，分子の共通因数を約して表します．

このことを分数式を**約分**するといいます.

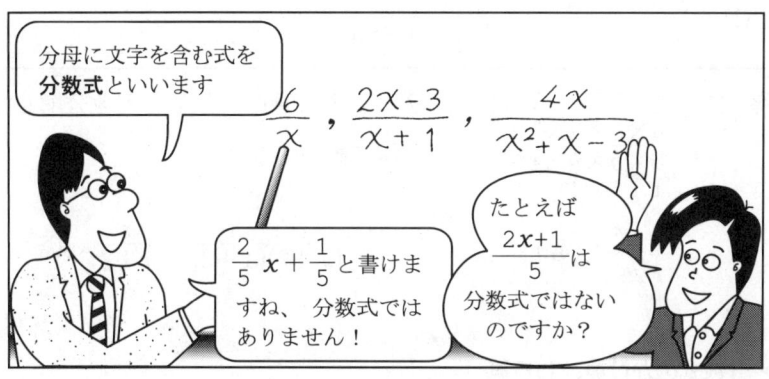

ポケコンコーナー　1

　ポケットコンピュータ, 略してポケコンでは × は ＊ を使い, ÷ は ／ を使います. また, 累乗の計算では ＾ を使います. さらに, 答を出すときには ＝ は使わずに ⏎ を押します.

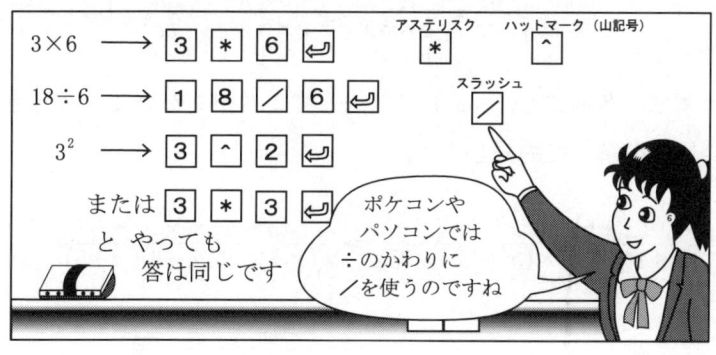

> **問題 27.** 次の分数式を約分しなさい。
>
> (1) $\dfrac{a^3 b^2}{ab^3 c}$　　　　(2) $\dfrac{x^2+3x}{x^2+5x+6}$

解 (1) $\dfrac{\overset{1}{\cancel{a}}\times a\times a\times\overset{1}{\cancel{b}}\times\overset{1}{\cancel{b}}}{\underset{1}{\cancel{a}}\times\underset{1}{\cancel{b}}\times\underset{1}{\cancel{b}}\times b\times c}$

$=\dfrac{a^2}{bc}$　（答）

(2) まず，分母，分子を因数分解して，次に約分します。

$\dfrac{x\cancel{(x+3)}}{(x+2)\cancel{(x+3)}}=\dfrac{x}{x+2}$　（答）

▶▶ 分数式のかけ算，わり算

分数式のかけ算，わり算も，分数と同じように計算します。ここで，2 次式の場合，まず因数分解することを考えましょう。

> **問題 28.** 次の計算をしなさい。
>
> (1) $\dfrac{a^3}{b^2 c^2}\div\dfrac{ac}{3b}$　　　(2) $\dfrac{x+5}{x^2+2x}\times\dfrac{x^2}{x^2+2x-15}$

解 (1) まず，逆数にしてかけます。

$$\dfrac{a^3}{b^2 c^2}\times\dfrac{3b}{ac}=\dfrac{\overset{1}{\cancel{a}}\times a\times a\times 3\times\overset{1}{\cancel{b}}}{\underset{1}{\cancel{b}}\times b\times c\times c\times\underset{1}{\cancel{a}}\times c}=\dfrac{3a^2}{bc^3}\quad（答）$$

(2) まず，多項式を（　　）で区別してまちがえないようにします。次に，因数分解して約分します。

$$\dfrac{(x+5)\times x^2}{(x^2+2x)\times(x^2+2x-15)}=\dfrac{\overset{1}{\cancel{(x+5)}}\times\overset{1}{\cancel{x}}\times x}{\underset{1}{\cancel{x}}(x+2)\times(x-3)\underset{1}{\cancel{(x+5)}}}$$

$$=\dfrac{x}{(x+2)(x-3)}\quad（答）$$

(2)の答で分母を展開しないようにしてください．因数の積の形のほうがさらに計算するとき扱いやすいからです．

ポケコンコーナー　2

　暗算で計算できますが，$\dfrac{3+6}{6}$ をポケコンで解くときにはどうすればよいでしょう．

3+6／6 ⏎

　これでは答は 4 になってしまいます．これは $3+\dfrac{6}{6}$ の計算をしたことになります．正しく計算するには分子に（　）をつけて入力しなくてはいけません．

(3+6)／6 ⏎

　これで答は 1.5 つまり $\dfrac{3}{2}$ になります．割り切れないときには途中で四捨五入されますので注意しましょう．

分数のわり算は逆数をかける

分数のわり算では逆数をかけるという話です．逆数とは分母，分子を入れ替えた数で $\frac{3}{2}$ の逆数は $\frac{2}{3}$ になります．

まず，距離÷速度＝時間ですね．たとえば，6 km の距離を毎時 3 km の速さで歩くと 2 時間かかりますね．つまり，$6 \div 3 = \frac{6}{3} = 2$ 時間というわけです．では，毎時 3 km の半分の速さにしてゆっくり歩くと倍の 4 時間かかりますね．つまり

$$6 \div \frac{3}{2} \, (\text{毎時 km}) \cdots\cdots\cdots \frac{6}{3} \times 2 = 2(\text{時間}) \times 2 = 4 \text{ 時間}$$

これは，$6 \div \frac{3}{2} = 6 \times \frac{2}{3}$ と同じ計算になります．さらに，毎時 3 km の $\frac{1}{3}$ の速さで歩くと 3 倍の 6 時間になります．やってみてください．

また，わる分数を分母にして分母，分子に同じ数をかけても答は同じになります．どちらでも好きなやり方で計算してください．

$$6 \div \frac{3}{2} = \frac{6}{\left(\frac{3}{2}\right)} = \frac{6 \times 2}{\left(\frac{3}{2}\right) \times \overset{1}{\underset{1}{2}}} = \frac{6 \times 2}{3} = 4$$

$$6 \div \frac{3}{2} = 6 \times \frac{2}{3}$$

▶▶ 分数式のたし算，引き算

分数式のたし算と引き算を行いますが，その前に，分数の場合を復習しましょう.

問題 29. $\dfrac{5}{12}+\dfrac{1}{18}$ を計算しなさい.

解 12 と 18 の最小公倍数は 36 です. これに分母をあわせます. つまり，通分^{つうぶん}してから分子をたします.

$$\frac{5\times3}{12\times3}+\frac{1\times2}{18\times2}=\frac{15}{36}+\frac{2}{36}=\frac{15+2}{36}=\frac{17}{36}\quad\text{(答)}$$

引き算も分母を通分してから，分子だけを引いて計算します. たし算や引き算では通分がカギです.

では，分数と同じようにして分数式のたし算と引き算を計算しましょう.

問題 30. 次の計算をしなさい.

(1) $\dfrac{2x}{x+3}-\dfrac{x+1}{x+3}$ (2) $\dfrac{x}{x^2+5x+6}+\dfrac{2}{x^2+8x+15}$

解 (1) まず，$x+1$ に（ ）をつけます．そして分子の引き算をします．

$$\frac{2x-(x+1)}{x+3}=\frac{2x-x-1}{x+3}=\frac{x-1}{x+3} \quad \text{(答)}$$

(2) 分母をそれぞれ因数分解します．

$$x^2+5x+\ 6=(x+2)(x+3),$$
$$x^2+8x+15=\qquad (x+3)(x+5)$$

ですから，最小公倍数は $(x+2)(x+3)(x+5)$ です．これが分母になるように，それぞれたりない因数を分母と分子にかけます．

$$\frac{x}{(x+2)(x+3)}+\frac{2}{(x+3)(x+5)}$$
$$=\frac{x\times(x+5)}{(x+2)(x+3)\times(x+5)}+\frac{2\times(x+2)}{(x+3)(x+5)\times(x+2)}$$

これで通分できたので分子どうしをたすことができます．

$$=\frac{x(x+5)+2(x+2)}{(x+2)(x+3)(x+5)}$$
$$=\frac{x^2+5x+2x+4}{(x+2)(x+3)(x+5)}$$
$$=\frac{x^2+7x+4}{(x+2)(x+3)(x+5)} \quad \text{(答)}$$

③ 分数式の変形

▶▶ 分子の次数が分母の次数と同じかそれより大きい場合

分数式において，整式のわり算を利用して変形します．

問題31. 分数式 $\dfrac{2x-3}{x+2}$ を $\dfrac{\boxed{}}{x+2}+\bigcirc$ の形にしなさい．

解

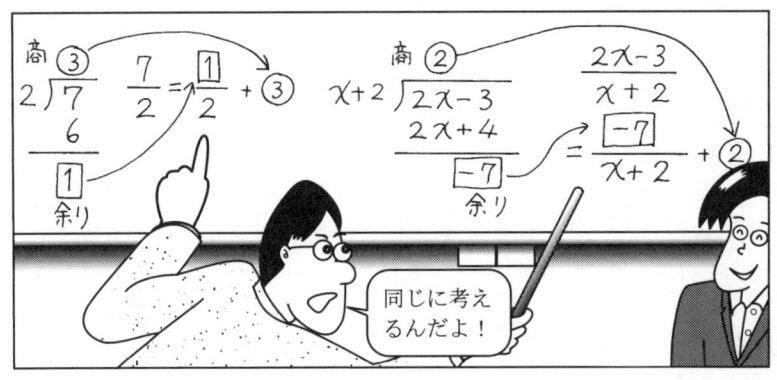

答 $\dfrac{-7}{x+2}+2$

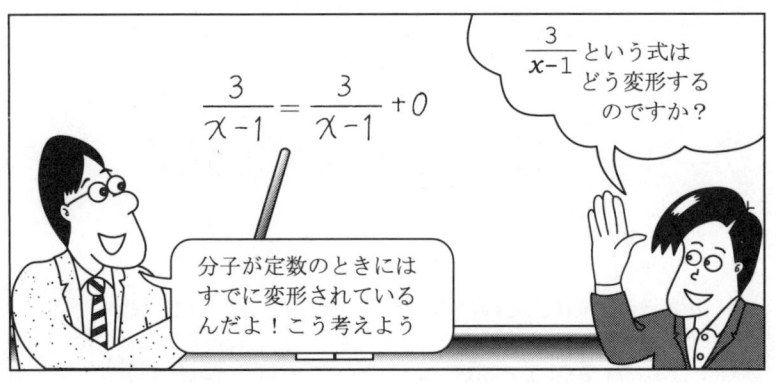

問題 32. $\dfrac{1}{x(x+1)}=\dfrac{A}{x}-\dfrac{B}{x+1}$ の A, B を求めなさい.

解 右辺 $=\dfrac{A(x+1)}{x(x+1)}-\dfrac{Bx}{x(x+1)}$ （分母を通分します）

$\qquad =\dfrac{Ax+A-Bx}{x(x+1)}$

$\qquad =\dfrac{(A-B)x+A}{x(x+1)}$

ここで左辺と比べると $A-B=0$, $A=1$ ゆえに $B=1$ （答）

したがって $\dfrac{1}{x(x+1)}=\dfrac{1}{x}-\dfrac{1}{x+1}$ となります.

練習問題

1. 次の計算をしなさい.

(1) $\dfrac{5a^2}{6b^2}\div\dfrac{ac}{9b}$ $\qquad$ (2) $\dfrac{y}{y^2-4}\div\dfrac{y^2+3y}{y^2+4y+4}$

(3) $\dfrac{1}{a^2b}-\dfrac{1}{ab^2}$ $\qquad$ (4) $\dfrac{5x}{x^2-x-6}+\dfrac{2}{x^2+3x+2}$

解答

1. (1) わり算は逆数にしてかけます.

$$\frac{5a^2}{6b^2}\times\frac{9b}{ac}=\frac{5\times \overset{1}{a}\times a\times\overset{1}{3}\times 3\times\overset{1}{b}}{2\times\underset{1}{3}\times\underset{1}{b}\times b\times\underset{1}{a}\times c}=\frac{15a}{2bc}\quad（答）$$

(2) $\dfrac{y}{y^2-4}\times\dfrac{y^2+4y+4}{y^2+3y}=\dfrac{\overset{1}{y}}{(y+2)\underset{1}{(y-2)}}\times\dfrac{\overset{1}{(y+2)}(y+2)}{\underset{1}{y}(y+3)}$

$$=\frac{y+2}{(y-2)(y+3)}\quad（答）$$

(3) a^2b と ab^2 の最小公倍数 a^2b^2 が分母になるようにします.

$$\frac{1\times b}{a^2b\times b}-\frac{1\times a}{ab^2\times a}=\frac{b}{a^2b^2}-\frac{a}{a^2b^2}=\frac{b-a}{a^2b^2}\quad（答）$$

(4) $x^2-x-6=(x-3)(x+2)$

$x^2+3x+2=\quad(x+2)(x+1)$

ゆえに, 最小公倍数は $(x-3)(x+2)(x+1)$ です.

$$\frac{5x}{(x-3)(x+2)}+\frac{2}{(x+2)(x+1)}$$

$$=\frac{5x\times(x+1)}{(x-3)(x+2)\times(x+1)}+\frac{2\times(x-3)}{(x+2)(x+1)\times(x-3)}$$

$$=\frac{5x^2+5x+2x-6}{(x-3)(x+2)(x+1)}$$

$$= \frac{5x^2+7x-6}{(x-3)(x+2)(x+1)}$$

ここで，分子が因数分解でき，さらに約分します．

$$= \frac{(5x-3)(x+2)}{(x-3)(x+2)(x+1)}$$

$$= \frac{5x-3}{(x-3)(x+1)} \quad (\text{答})$$

§3 数の拡張と計算

1 平方根を含む式の計算

▶▶ 平方根

$x^2=3$ を満たす x の値は，整数や分数にはありません．ここで，2乗すると3になるような数を考えて3の**平方根**（へいほうこん）といいます．そして，記号 $\sqrt{}$（ルート）を使って，3の正の平方根を $\sqrt{3}$ で表し，負の平方根を $-\sqrt{3}$ で表します．すなわち

$$\sqrt{3} \times \sqrt{3} = (\sqrt{3})^2 = 3, \qquad (-\sqrt{3}) \times (-\sqrt{3}) = (-\sqrt{3})^2 = 3$$

よって，$x^2=3$ の解は $\sqrt{3}$ と $-\sqrt{3}$ です．また，$\sqrt{0}$ は0と定めます．

問題 33. 次の式を簡単にしなさい．

(1) $\sqrt{2} \times \sqrt{3}$　(2) $\dfrac{\sqrt{6}}{\sqrt{3}}$　(3) $\sqrt{0.03}$　(4) $\sqrt{(-6)^2 \times 5}$

解 (1) $\sqrt{2 \times 3} = \sqrt{6}$　(答)　(2) $\dfrac{\sqrt{6}}{\sqrt{3}} = \dfrac{\sqrt{3}\sqrt{2}}{\sqrt{3}} = \sqrt{2}$　(答)

(3) $\sqrt{\dfrac{3}{100}} = \dfrac{\sqrt{3}}{\sqrt{10^2}} = \dfrac{\sqrt{3}}{10}$　(答)

(4) $\sqrt{36 \times 5} = \sqrt{36} \times \sqrt{5} = 6\sqrt{5}$ （答）

(4)を $\pm 6\sqrt{5}$ にしないように注意しましょう.

問題34. 次の計算をしなさい.

(1) $\sqrt{72} - 4\sqrt{2} + \sqrt{50}$　　　(2) $(\sqrt{3} + \sqrt{2})(\sqrt{3} - \sqrt{2})$

解 (1) $\sqrt{6^2 \times 2} - 4\sqrt{2} + \sqrt{5^2 \times 2}$

$= 6\sqrt{2} - 4\sqrt{2} + 5\sqrt{2}$

$= (6 - 4 + 5)\sqrt{2}$

$= 7\sqrt{2}$　（答）

(2) $(\sqrt{3})^2 - \sqrt{6} + \sqrt{6} - (\sqrt{2})^2$

$= (\sqrt{3})^2 - (\sqrt{2})^2$

$= 3 - 2$

$= 1$　（答）

▶▶ **分数の有理化**

$\dfrac{\sqrt{3}}{\sqrt{2}}$ の分母,分子に $\sqrt{2}$ をかけます.すると

$$\frac{\sqrt{3}}{\sqrt{2}} = \frac{\sqrt{3} \times \sqrt{2}}{\sqrt{2} \times \sqrt{2}} = \frac{\sqrt{3 \times 2}}{(\sqrt{2})^2} = \frac{\sqrt{6}}{2}$$

このように,分母に $\sqrt{}$ を含む式から $\sqrt{}$ を含まない形に変えること
を**分母の有理化**といいます.この例では,無理数 $\sqrt{2}$ の分母を有理数 2
にしました.ここで,$\sqrt{2}$,$\sqrt{3}$,$\sqrt{6}$ の値が概数で小数点以下 4 位ま

でわかっているとき，$\dfrac{\sqrt{3}}{\sqrt{2}}$ の値を計算してみましょう．まずそのまま

代入して計算します．

$$\frac{\sqrt{3}}{\sqrt{2}}=\frac{1.7321}{1.4142}=1.2247\cancel{9}\cdots$$
$$8$$

少し大変です．ところが，有理化してから計算すると，

$$\frac{\sqrt{6}}{2}=\frac{2.4495}{2}=1.2247\cancel{5}\cdots$$
$$8$$

となり，簡単に計算できます．

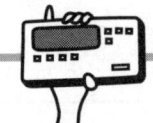

ポケコンコーナー　3

ポケコンの $\sqrt{}$ キーを押すと **SQR** と表示されるので，その次に **3** を押すと

　　SQR3

となり，次に ⏎ キーを押すと

　　1.732050808

と表示されます．数字が 2 つのときは，たとえば

　　$\sqrt{3\times2}$ $\longrightarrow$ **SQR(3×2)**

と入力します．$\sqrt{6}$ と比べてください．

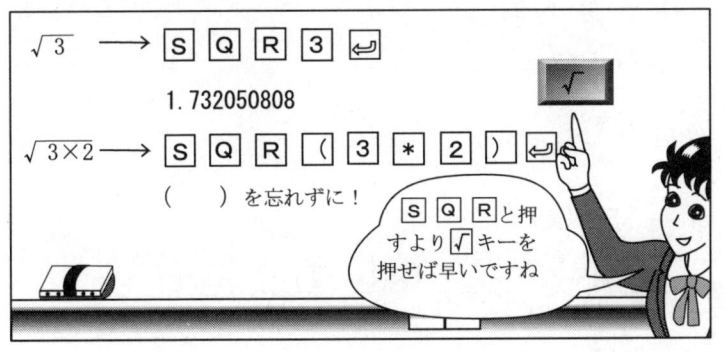

問題 35. 次の分母を有理化しなさい.

(1) $\dfrac{6}{\sqrt{3}}$ (2) $\dfrac{\sqrt{3}}{\sqrt{3}+\sqrt{2}}$

解 $\dfrac{6\times\sqrt{3}}{\sqrt{3}\times\sqrt{3}}=\dfrac{6\sqrt{3}}{3}=\dfrac{2\sqrt{3}}{1}=2\sqrt{3}$ （答）

(2) $\sqrt{3}$ をかけても有理化できません. ここは $(x+y)(x-y)=x^2-y^2$ になることを利用して $(\sqrt{3}-\sqrt{2})$ を分母, 分子にかけます.

$\dfrac{\sqrt{3}\times(\sqrt{3}-\sqrt{2})}{(\sqrt{3}+\sqrt{2})(\sqrt{3}-\sqrt{2})}=\dfrac{(\sqrt{3})^2-\sqrt{3}\times\sqrt{2}}{(\sqrt{3})^2-(\sqrt{2})^2}=\dfrac{3-\sqrt{6}}{3-2}=3-\sqrt{6}$ （答）

練習問題

1. 次の計算をしなさい.

(1) $\dfrac{1+\sqrt{3}}{3+\sqrt{3}}$ (2) $\dfrac{1}{1-\sqrt{2}}+\dfrac{1}{1+\sqrt{2}}$

解答

(1) $\dfrac{(1+\sqrt{3})(3-\sqrt{3})}{(3+\sqrt{3})(3-\sqrt{3})}$

$=\dfrac{3-\sqrt{3}+3\sqrt{3}-3}{3^2-(\sqrt{3})^2}$

$=\dfrac{3\sqrt{3}-\sqrt{3}}{9-3}$

$=\dfrac{2\sqrt{3}}{6}$

$=\dfrac{\sqrt{3}}{3}$ （答）

(2) $\dfrac{1\times(1+\sqrt{2})}{(1-\sqrt{2})(1+\sqrt{2})}+\dfrac{1\times(1-\sqrt{2})}{(1+\sqrt{2})(1-\sqrt{2})}$

$$= \frac{1+\sqrt{2}}{1^2-(\sqrt{2})^2} + \frac{1-\sqrt{2}}{1^2-(\sqrt{2})^2}$$

$$= \frac{1+\sqrt{2}}{1-2} + \frac{1-\sqrt{2}}{1-2}$$

$$= \frac{1+\sqrt{2}+1-\sqrt{2}}{1-2}$$

$$= \frac{2}{-1}$$

$$= -2 \quad (答)$$

TOPICS

$5^0 = ?$

まず, 指数の計算では

$$a^3 \times a^2 = a^{3+2} = a^5$$

です.

同様にして $a^3 \div a^5$ を考えてみましょう. わり算ですから指数を引いてみると

$$a^3 \div a^5 = a^{3-5} = a^{-2} \tag{①}$$

となります．分数式の計算では

$$a^3 \div a^5 = \frac{a \times a \times a}{a \times a \times a \times a \times a} = \frac{1}{a^2} \tag{②}$$

ですから①，②より

$$a^{-2} = \frac{1}{a^2}$$

と考えられます．ここで，指数が同じときを考えてみましょう．たとえば，$a^3 \div a^3$ のとき指数計算では

$$a^3 \div a^3 = a^{3-3} = a^0 \tag{③}$$

となります．また，分数式の計算では

$$a^3 \div a^3 = \frac{a \times a \times a}{a \times a \times a} = 1 \tag{④}$$

です．したがって，③，④から

$$a^0 = 1$$

となります．つまり，a がどんな数でも 0 乗は 1 です．ゆえに，$5^0 = 1$ となります．

　そこで，指数が負の整数や 0 の場合を次のように定めます．

$a \neq 0$ のとき

$$a^{-n} = \frac{1}{a^n} \quad (n \text{ は正の整数}), \quad a^0 = 1$$

　星までの距離のように大きい数や分子の大きさのように極めて小さい数を表すには，10 の累乗の指数を利用します．

　例1. 星までの距離を表すのに 1 年間に光が進む距離を単位として光年で表します．これを km に換算すると

$$1 \text{光年} = 0.9460528 \times 10^{13} \text{km}$$

　例2. 分子のような小さなものの大きさをはかるには，ナノメータ nm という単位を用います．

$$1 \text{nm} = 10^{-9} \text{m}$$

ポケコンコーナー 4

例 $1000 = 1 \times 10^3 = 0.1 \times 10^4$　　※Exponent（べき指数）

| 0 | . | 9 | 4 | 6 | 0 | 5 | 2 | 8 | * | 1 | 0 | ^ | 1 | 3 | ↵ |

9.460528E+12

| 1 | * | 1 | 0 | ^ | - | 9 | ↵ |

省略可

0.000000001

ここで ※E + 12 は 10^{12} を意味しています
また 0.000000001 は
1E−9 と同じです

	単位に乗じる倍数	接頭語の名称	接頭語の記号
⋮	10^{18}	エクサ	E
⋮	10^{15}	ペタ	P
1,000,000,000,000	10^{12}	テラ	T
1,000,000,000	10^{9}	ギガ	G
1,000,000	10^{6}	メガ	M
1,000	10^{3}	キロ	k
100	10^{2}	ヘクト	h
10	10	デカ	da
0.1	10^{-1}	デシ	d
0.01	10^{-2}	センチ	c
0.001	10^{-3}	ミリ	m
0.000001	10^{-6}	マイクロ	μ
0.000000001	10^{-9}	ナノ	n
0.000000000001	10^{-12}	ピコ	p
⋮	10^{-15}	フェムト	f
⋮	10^{-18}	アト	a

第2章　方程式と関数

この章では　まず方程式の解法を説明し、次に関数との関連を説明します

① **1次方程式**

　2つの式または数を記号（＝）で結んで表したものを等式といいます．たとえば

$$3x+2x=5x \qquad ①$$

$$x+3=7 \qquad ②$$

　等式①は文字 x がどんな値のときでも成り立つので**恒等式**といいます．それに対して等式②は $x=4$ のときだけ成り立ちます．このように，式に含まれる文字がある値のときだけ成り立つ等式を**方程式**といいます．方程式を成り立たせる文字の値を**解**といい，その解を求めることを方程式を**解く**といいます．x についての1次式でできている方程式を x についての1次方程式といいます．

　等式には

> 等式の両辺に同じ演算を行っても等号が成立する

という性質があります．たとえば，等式 $a=b$ が成り立つとき，次のこ

とがいえます.

両辺に同じ数をたして $\quad a+\square=b+\square$

両辺から同じ数を引いて $\quad a-\square=b-\square$

両辺に同じ数をかけて $\quad \square a=\square b$

両辺を同じ数でわって $\quad \dfrac{a}{\square}=\dfrac{b}{\square}$ （0 ではわれません）

両辺を同じ数の累乗にして $\quad a^{\square}=b^{\square}$

両辺の逆数をとって $\quad \dfrac{1}{a}=\dfrac{1}{b}$ （$a=b\neq0$ のとき）

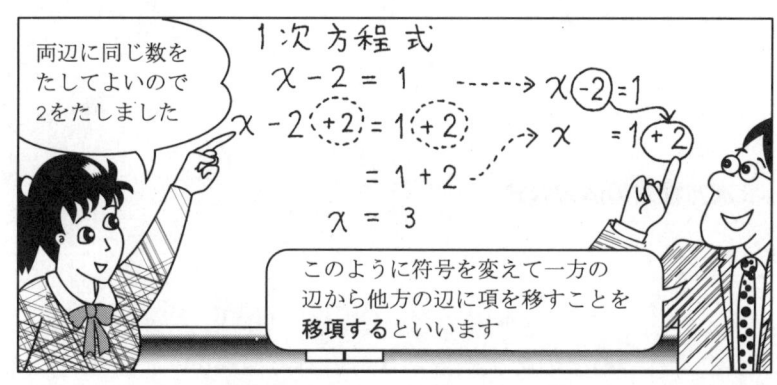

問題1. 次の1次方程式を解きなさい.

(1) $\dfrac{4}{3}x+5=13$ (2) $\dfrac{2}{3}x-3=\dfrac{1}{2}(-2x+9)$

解 (1) 移項して

$$\dfrac{4}{3}x=13-5$$

$$\dfrac{4}{3}x=8$$

$$x=8\times\dfrac{3}{4}$$

$$x=6 \quad (\text{答})$$

(2) 両辺に6をかけると

$$\left(\dfrac{2}{3}x-3\right)\times6=\dfrac{1}{2}(-2x+9)\times6$$

$$4x-18=-6x+27$$

$$4x+6x=27+18$$

$$10x=45$$

$$x=\dfrac{45}{10}$$

$$x=\dfrac{9}{2} \quad (\text{答})$$

② 2次方程式の解の公式

たとえば

$$x^2=3, \qquad 3x^2-4x+11=0$$

のように x についての2次式でできている方程式を,x についての2次方程式といいます.一般に2次方程式は解を2つもちます.

まず,次の2次方程式を解いてみましょう.

問題2. 次の2次方程式を解きなさい.

(1) $x^2=3$ (2) $(x-1)^2=3$

解 $(x+\Box)^2=\triangle$ の形の2次方程式はすべて問題2の(2)のようにして解けます.$(x+\Box)^2$ を平方の形といいます.

$$\text{答} \quad (1) \quad \pm\sqrt{3} \quad (2) \quad 1\pm\sqrt{3}$$

では平方の形を用いて，2次方程式を解いてみましょう．

問題3. 次の2次方程式を平方の形を用いて解きなさい．

$$x^2+6x=4$$

解 左辺 x^2+6x にある数○をたして

$x^2+6x+○=(x+□)^2$ の形にすることを考えます．

$$3^2=9$$

$$x^2+6x+⑨=(x+\boxed{3})^2$$

6の半分は3

ですから両辺に9をたして $\quad x^2+6x+9=4+9$

$$(x+3)^2 \quad =13$$

$$x+3 \quad =\pm\sqrt{13} \quad \therefore \quad x=-3\pm\sqrt{13} \quad (\text{答})$$

∴ は"ゆえに"という意味の記号です．

問題4. 次の2次方程式を平方の形を用いて解きなさい．

$$2x^2-10x+9=0$$

解 定数項を移項して

$$2x^2 - 10x = {}^{\text{ア}}\boxed{}$$ ☞空らんをうめよ

両辺を 2 でわって

$$x^2 - 5x = -\frac{9}{2}$$

両辺に $\left(\dfrac{-5}{2}\right)^2$ をたして

$$x^2 - 5x + \left(\frac{-5}{2}\right)^2 = -\frac{9}{2} + \left(\frac{-5}{2}\right)^2$$

$$\left(x + {}^{\text{イ}}\boxed{}\right)^2 = -\frac{18}{4} + \frac{25}{4} = \frac{7}{4}$$

$$x - \frac{5}{2} = \pm\sqrt{\frac{7}{4}} = \pm\frac{\sqrt{7}}{2}$$

$$\therefore \quad x = \frac{5}{2} \pm \frac{\sqrt{7}}{2} = \frac{5 \pm \sqrt{7}}{2} \quad (\text{答})$$

$\boxed{\text{空らんの答}}$ $\quad$ ア $= -9$, $\quad$ イ $= -\dfrac{5}{2}$

実数を係数とする一般の 2 次方程式 $ax^2 + bx + c = 0$ $(a \neq 0)$ を同じように平方の形を用いて解くと

$$x = \frac{-b \pm \sqrt{b^2 - 4ac}}{2a}$$

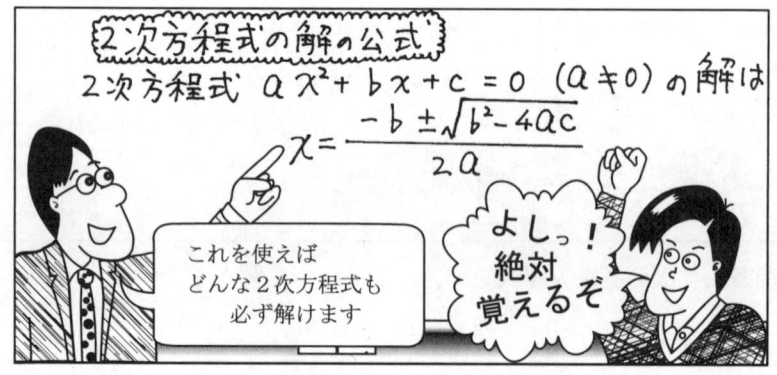

問題5. 次の2次方程式を解の公式を使って解きなさい.

(1) $2x^2 - 7x + 3 = 0$ (2) $x^2 + 4x - 1 = 0$

(3) $9x^2 - 12x + 4 = 0$

解 (1) $a = 2$, $b = -7$, $c = 3$ を公式に代入して

$$x = \frac{-(-7) \pm \sqrt{(-7)^2 - 4 \times (2) \times (3)}}{2 \times (2)} = \frac{7 \pm \sqrt{^{7}\boxed{}}}{4}$$ ☜空らんをうめよ

$$= \frac{7 \pm 5}{4} = \begin{cases} \dfrac{7+5}{4} = \dfrac{12}{4} = {}^{1}\boxed{} \\[2mm] \dfrac{7-5}{4} = \dfrac{^{7}\boxed{}}{4} = \dfrac{1}{2} \end{cases}$$ **答** $3, \dfrac{1}{2}$

(2) $a = 1$, $b = 4$, $c = -1$ を代入して

$$x = \frac{-(^{\text{オ}}) \pm \sqrt{(^{\text{カ}})^2 - 4 \times (^{\text{キ}}) \times (^{\text{ク}})}}{2 \times (^{\text{エ}})}$$

$$= \frac{-4 \pm \sqrt{20}}{2} = \frac{-4 \pm \sqrt{4} \times \sqrt{5}}{2}$$

$$= \frac{-4 \pm 2\sqrt{5}}{2} = -2 \pm \sqrt{5} \quad \text{(答)}$$

(3) $a = 9$, $b = -12$, $c = 4$ を代入して

$$x = \frac{-(-12) \pm \sqrt{(-12)^2 - 4 \times (9) \times (4)}}{2 \times (9)}$$

$$= \frac{12 \pm \sqrt{0}}{18} = \frac{2 \pm \sqrt{0}}{3} = \frac{2}{3} \quad \text{(答)}$$

空らんの答 ア=25, イ=3, ウ=2, エ=1, オ=4, カ=4, キ=1,

　　　　　　ク=-1

(1)と(2)の解は**2つの異なる解**となり, (3)は2つの解が一致して<ruby>重複<rt>ちょうふく</rt></ruby><ruby>解<rt>かい</rt></ruby>となります.

問題6. 次の2次方程式を解きなさい.

(1) $x^2 = -2$ (2) $x^2 + x + 1 = 0$

解

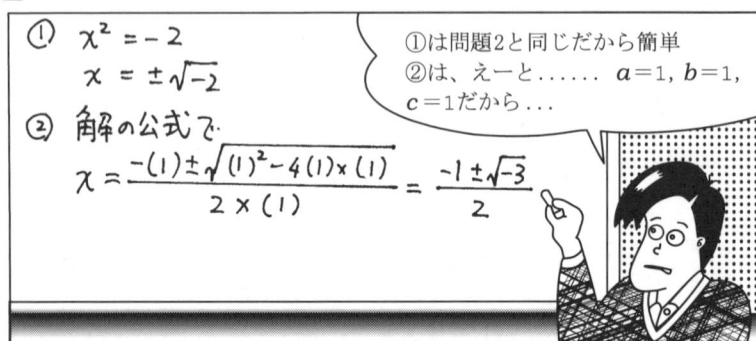

答 (1) 解なし (2) 解なし

この章では2乗して負になる数は扱わないので解が存在しないとしましたが，数を拡張すると解は存在します．

③ 判別式 $\frac{3}{20}$

問題5，問題6の解を，$\sqrt{}$ の中に注意して見直しましょう．

問題5の

(1) $\dfrac{7\pm\sqrt{25}}{4}=3,\ \dfrac{1}{2}$ ⎫

(2) $-2\pm\sqrt{5}$ ⎭ 2つの異なる解のとき $\sqrt{}$ の中が正．

(3) $\dfrac{2\pm\sqrt{0}}{3}=\dfrac{2}{3}$ 重複解のとき $\sqrt{}$ の中が0．

問題6の

(1) $\sqrt{-2}$ ⎫

(2) $\dfrac{-1\pm\sqrt{-3}}{2}$ ⎭ 解なしのとき $\sqrt{}$ の中が負．

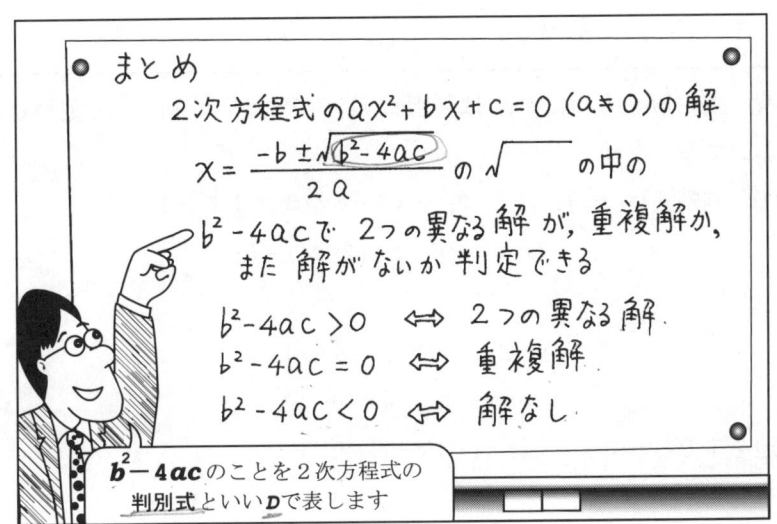

まとめ

2次方程式の $ax^2+bx+c=0\ (a\neq0)$ の解

$x=\dfrac{-b\pm\sqrt{b^2-4ac}}{2a}$ の $\sqrt{}$ の中の

b^2-4ac で 2つの異なる解 が，重複解か，また 解が ないか 判定できる

$b^2-4ac>0$ ⟺ 2つの異なる解．

$b^2-4ac=0$ ⟺ 重複解

$b^2-4ac<0$ ⟺ 解なし

b^2-4ac のことを2次方程式の判別式といい D で表します

3/20

> **問題 7.** 次の方程式の解を判別しなさい.
> (1) $5x^2+3x+1=0$　　　　(2) $2x^2-3x-1=0$
> (3) $x^2-2x+1=0$

解 (1) 判別式 $D=b^2-4ac$ に $a=5$, $b=3$, $c=1$ を代入して

$$D=(3)^2-4\times(5)\times(1)=-11<0$$

ですから, 解なしとなります.　　　　　　　　　　**答** 解なし

(2) $a=2$, $b=-3$, $c=-1$ を代入して

$$D=(-3)^2-4\times(2)\times(-1)=17>0$$

ですから, 2つの異なる解となります.　　　**答** 2つの異なる解

(3) $a=1$, $b=-2$, $c=1$ を代入して

$$D=(-2)^2-4\times(1)\times(1)=0$$

ですから, 重複解となります.　　　　　　　　　　**答** 重複解

3/20

> **問題 8.** 次の方程式が重複解をもつように k の値を求めなさい.
> (1) $x^2-2x+5-k=0$　　　　(2) $x^2-kx+k+3=0$

解 重複解をもつためには判別式 $D=0$ となるように k を定めれば
よいのです.

(1) 判別式に $a=1$, $b=-2$, $c=5-k$ を代入すると

$$D=(-2)^2-4\times(1)\times(5-k)$$

$D=0$ より

$$(-2)^2-4\times(1)\times(5-k)=0$$

$$\therefore\quad 4-4(5-k)=0$$

両辺を 4 でわって　　　　　　$1-(5-k)=0$

$$1-5+k=0\qquad \therefore\quad k=4$$

52 第 2 章　方程式と関数

ですから，k が 4 のとき $D=0$ となり，方程式は重複解をもつことにな
ります．   **答** $k=4$

(2) 判別式に $a=1$，$b=-k$，$c=k+3$ を代入すると
$$D=(-k)^2-4\times(1)\times(k+3)$$
$D=0$ より
$$(-k)^2-4\times(1)\times(k+3)=0$$
$$k^2-4k-12=0$$

解いて

$$k=\frac{-(-4)\pm\sqrt{(-4)^2-4\times(1)\times(-12)}}{2\times(1)}=\frac{4\pm\sqrt{64}}{2}=\frac{4\pm8}{2}$$

$$=\begin{cases} \dfrac{4+8}{2}=\dfrac{12}{2}=6 \\[3mm] \dfrac{4-8}{2}=\dfrac{-4}{2}=-2 \end{cases}$$

ですから，k が 6 または -2 のとき $D=0$ となり，方程式は重複解をも
つことになります．   **答** $k=6$ または -2

④ 因数分解による解法

2 つの数 A, B の積が 0，すなわち
$$AB=0$$
となるためには，A か B の少なくとも一方が 0 でなくてはなりません．
また逆に A か B の少なくとも一方が 0 ならば $AB=0$ となります．

数学では「A か B の少なくとも一方が 0 である」を「$A=0$ または
$B=0$」といいます．ですから
$$(x-1)(x+2)=0$$
となるためには
$$x-1=0 \quad または \quad x+2=0$$
となります．すなわち

$$x=1 \quad \text{または} \quad x=-2$$

このように方程式は因数分解できると，簡単に解けます．

この答を $x=1, -2$ と書きます．

問題9.　次の方程式を因数分解により解きなさい．

(1)　$x^2-5x+6=0$　　　(2)　$x^2+6x+9=0$

(3)　$6x^2-x-2=0$　　　(4)　$2x^2=5x$

解　(1)　左辺を因数分解して

$$(x-2)(x-3)=0$$

ですから

$$x-2=0 \quad \text{または} \quad x-3=0$$

答　$x=2, 3$

(2)　因数分解して

$$(x+3)(x+3)=0$$

ですから

$$x+3=0$$

答　$x=-3$　（重複解）

(3)　因数分解して

$$(3x-2)(2x+1)=0$$

すなわち

$$3x-2=0 \quad \text{または} \quad 2x+1=0$$

答　$x=\dfrac{2}{3}, \ -\dfrac{1}{2}$

(4)　移項して　$2x^2-5x=0$

因数分解して　$x(2x-5)=0$

すなわち　$x=0$ または $2x-5=0$

答　$x=0, \ \dfrac{5}{2}$

練習問題

1. 次の 2 次方程式を解きなさい.

(1) $2x^2 + x - 15 = 0$ 　　(2) $0.3x^2 - x + 0.7 = 0$

(3) $x^2 - 2\sqrt{3}\,x + 2 = 0$

2. x についての 2 次方程式 $kx^2 + (k+1)x + k + 2 = 0$ が重複解をもつように k を定めなさい.

解答

1. (1) 因数分解して
$$(2x-5)(x+3)=0$$

(2) 両辺を 10 倍して
$$3x^2 - 10x + 7 = 0$$

因数分解して
$$(3x-7)(x-1)=0$$

答 $x = \dfrac{5}{2},\ -3$　　　　　　　　答 $x = \dfrac{7}{3},\ 1$

(3) 解の公式より
$$x = \frac{-(-2\sqrt{3}) \pm \sqrt{(-2\sqrt{3})^2 - 4\times 1 \times 2}}{2\times 1} = \frac{2\sqrt{3} \pm \sqrt{12-8}}{2}$$
$$= \frac{2\sqrt{3} \pm 2}{2} = \sqrt{3} \pm 1$$

答 $\sqrt{3} \pm 1$

2. $D = (k+1)^2 - 4k(k+2)$

重複解をもつためには $D = 0$ ですから
$$(k+1)^2 - 4k(k+2) = 0$$
$$k^2 + 2k + 1 - 4k^2 - 8k = -3k^2 - 6k + 1 = 0$$
$$\therefore\ \ 3k^2 + 6k - 1 = 0$$

これは k についての 2 次方程式ですから，解の公式より
$$k = \frac{-6 \pm \sqrt{6^2 - 4\times 3 \times (-1)}}{2\times 3} = \frac{-6 \pm \sqrt{48}}{6}$$
$$= \frac{-6 \pm 4\sqrt{3}}{6} = -1 \pm \frac{2}{3}\sqrt{3}$$

答 $k = -1 \pm \dfrac{2}{3}\sqrt{3}$ のとき重複解をもちます.

§2 連立方程式

① 連立3元1次方程式

このような問題を解くのに，つるを x 匹，かめを y 匹とすれば，つるの足は $2x$ 本，かめの足は $4y$ 本となります．したがって，次の2つの方程式が成り立ちます．

つるとかめの頭数について $\qquad\qquad x+\ y=7 \qquad\qquad$ ①

足の数について $2x+4y=20$，すなわち $\quad x+2y=10 \qquad\qquad$ ②

$$（x, y は0または正の整数）$$

①と②のそれぞれを満たす x, y の組は何組もあります．

①

x	7	6	5	④	3	2	1	0
y	0	1	2	③	4	5	6	7

②

x	10	8	6	④	2	0		
y	0	1	2	③	4	5	6	7

このうち2つの方程式①，②を同時に満たす x, y の値の組は

$$\begin{cases} x=4 \\ y=3 \end{cases}$$

このような x, y の値の組を連立方程式①,②の解といいます．①,②のように文字を 2 つ含む 1 次方程式を 2 元 1 次方程式といい，①と②を連立させた方程式の組を**連立 2 元 1 次方程式**といいます．

さて，この連立方程式の解を計算によって求めてみましょう．

$$x+\ y=7 \qquad\qquad ①$$
$$x+2y=10 \qquad\qquad ②$$

1)　加減法による解き方

②の両辺から①の両辺を引いて x を消去します．

$$x+2y=10 \qquad ②$$
$$\underline{-)x+\ y=7 \qquad ①}$$
$$y=3 \qquad ③$$

③を①に代入して

$$x+(3)=7$$
$$x=4$$

答 $\begin{cases} x=4 \\ y=3 \end{cases}$

このように方程式をたしたり引いたりして，1 つの文字を消去して解く方法を**加減法**といいます．

2)　代入法による解き方

①より $x=7-y$ 　　　①′

①′ を②に代入して x を消去します．

$$(7-y)+2y=10$$
$$7+y=10$$
$$\therefore\quad y=3 \qquad ④$$

④を①′ に代入して

$$x=7-(3)=4$$

答 $\begin{cases} x=4 \\ y=3 \end{cases}$

このように一方の方程式を 1 つの文字について解き，それを他の方程式に代入して文字を消去することにより解く方法を，**代 入 法**といいます．

次に文字を 3 つ含む**連立 3 元 1 次方程式**について考えてみます．この場合も連立 2 元 1 次方程式と同様，文字を 1 つずつ消去して解きましょう．

問題 10. 次の連立方程式を解きなさい.

$$\begin{cases} x+\ y+\ z=6 & ① \\ 2x+\ y-\ z=1 & ② \\ x-2y+3z=6 & ③ \end{cases}$$

解 ①を2倍して②を引き, x を消去します.

$$\begin{array}{r} ①×2 \quad 2x+2y+2z=12 \\ -)\ ② \quad\underline{\quad 2x+\ y-\ z=1} \\ y+3z=11 \qquad\qquad ④ \end{array}$$

①から③を引き, x を消去します.

$$\begin{array}{r} ① \quad x+\ y+\ z=6 \\ -)\ ③ \quad\underline{\quad x-2y+3z=6} \\ 3y-2z=0 \qquad\qquad ⑤ \end{array}$$

④と⑤の連立2元1次方程式を解きます.

$$y+3z=11 \qquad\qquad ④$$
$$3y-2z=0 \qquad\qquad ⑤$$

④を3倍して⑤を引きます. これにより y が消去されます.

$$\begin{array}{r} ④×3 \quad 3y+9z=33 \\ -)\ ⑤ \quad\underline{\quad 3y-2z=0} \\ 11z=33 \\ \therefore\quad z=3 \qquad\qquad ⑥ \end{array}$$

⑥を④に代入して $\quad y+3×(3)=11 \quad \therefore\quad y=2$ ⑦

さらに⑥と⑦を①に代入して

$$x+(2)+(3)=6 \quad \therefore\quad x=1$$

答 $x=1,\ y=2,\ z=3$

TOPICS

連立 2 元 2 次方程式

　文字を 2 つ含む連立方程式で，式に含まれる項の最高次数が 2 次のものを連立 2 元 2 次方程式といいます．ここでは一方が 1 次方程式，他方が 2 次方程式のものについて考えます．この場合もやはり 1 つの文字を消去して解きます．

(1)　連立方程式　$\begin{cases} 2x - y = 5 & ① \\ y = x^2 + 4x - 20 & ② \end{cases}$

解　まず簡単な 1 次方程式を変形して 2 次方程式に代入します．

①より　$y = 2x - 5$　　　　　　　①′

①′ を②に代入して y を消去します．

$$2x - 5 = x^2 + 4x - 20$$
$$2x - 5 - x^2 - 4x + 20 = 0$$
$$-x^2 - 2x + 15 = 0$$
$$x^2 + 2x - 15 = 0$$
$$(x + 5)(x - 3) = 0$$

ですから $x=-5$ または $x=3$.

　これを①′に代入して

　　$x=-5$ のとき

　　　$y=2\times(-5)-5=-15$

　　$x=3$ のとき

　　　$y=2\times3-5=1$

(2) 連立方程式

$$\begin{cases} y=0 \\ \quad (x\text{軸の方程式}) \\ y=x^2+4x-5 \\ \quad (\text{放物線の方程式}) \end{cases}$$

$$\begin{cases} x=-5 \\ y=-15 \end{cases} \text{または} \begin{cases} x=3 \\ y=1 \end{cases}$$

代入して
2次方程式を作って
解きます
答は2組出ますよ

を解くことは，x 軸と放物線の交点を求めることなのです．すぐ後の関数
のところ（74 ページ）で学びます．

$$\begin{cases} x=1 \\ y=0 \end{cases} \text{または} \begin{cases} x=-5 \\ y=0 \end{cases}$$

──練習問題──

　次の連立方程式を解きなさい．

(1) $\begin{cases} 2x-4y+9z=-1 & ① \\ -2x+3y-6z=2 & ② \\ 5x-3y+8z=-3 & ③ \end{cases}$　　(2) $\begin{cases} x+y=-1 & ① \\ y+z=1 & ② \\ z+x=4 & ③ \end{cases}$

(3) $\begin{cases} x+y=7 & ① \\ xy=10 & ② \end{cases}$　　(4) $\begin{cases} y=0 & ① \\ y=x^2-3x+2 & ② \end{cases}$

解答　(1)　①＋②　　　　　　$-y+3z=1$ 　　　　　　　④

　　　　　　②×5　　　$-10x+15y-30z=10$

　　　＋) ③×2　　　$\underline{10x-6y+16z=-6}$

　　　　　　　　　　　　$9y-14z=4$ 　　　　　　　⑤

$$④×9 \quad -9y+27z=9$$
$$+) \quad ⑤ \qquad 9y-14z=4$$
$$13z=13$$
$$\therefore \quad z=1 \qquad\qquad ⑥$$

⑥を④に代入して

$$-y+3×(1)=1$$
$$-y=1-3, \qquad y=2 \qquad\qquad ⑦$$

⑥と⑦を①に代入して

$$2x-4×(2)+9×(1)=-1$$
$$2x-8+9=-1$$
$$2x=-1+8-9=-2 \quad \therefore \quad x=-1$$

答 $x=-1, \ y=2, \ z=1$

(2) ①−② $\qquad x-z=-2 \qquad\qquad\qquad ④$

④+③ $\qquad\qquad 2x=2 \qquad \therefore \quad x=1 \qquad\qquad ⑤$

⑤を③に代入して $\qquad z+(1)=4 \quad \therefore \quad z=3$

⑤を①に代入して $\qquad (1)+y=-1 \quad \therefore \quad y=-2$

答 $x=1, \ y=-2, \ z=3$

(3) ①より $\qquad\qquad y=7-x \qquad\qquad\qquad ①'$

①′を②に代入して $\qquad x(7-x)=10$

$$7x-x^2=10$$
$$x^2-7x+10=0$$
$$(x-2)(x-5)=0$$
$$x=2 \quad または \quad x=5$$

これを①′に代入して

$$x=2 \ のとき \qquad y=5$$
$$x=5 \ のとき \qquad y=2$$

答 $\begin{cases} x=2 \\ y=5 \end{cases}$ または $\begin{cases} x=5 \\ y=2 \end{cases}$

(4) ①を②に代入して

$$0 = x^2 - 3x + 2$$
$$(x-2)(x-1) = 0$$
$$x = 2 \quad または \quad x = 1$$

$x = 2$ のとき　$y = 0$

$x = 1$ のとき　$y = 0$

答 $\begin{cases} x = 2 \\ y = 0 \end{cases}$ または $\begin{cases} x = 1 \\ y = 0 \end{cases}$

§3　関数とグラフ

① 関数

　健二君は1分間に100mの割合で歩きます．家から1本道で1000m離れた所にお店があります．いま，家より200m進んだA地点から店へ行くとしましょう．

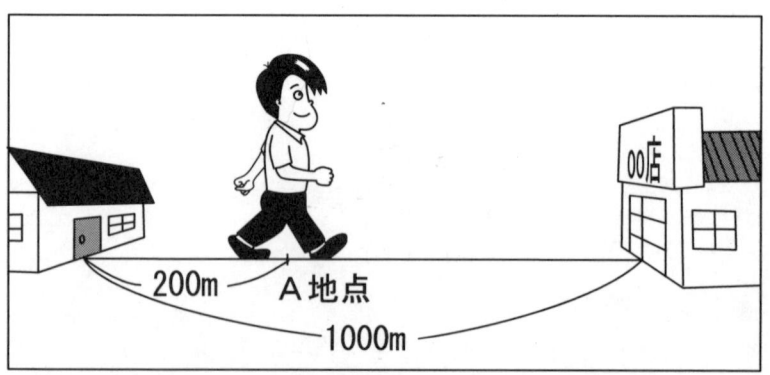

　健二君は，1分後に100m，2分後に200m進みます．家からの距離を1分ごとの表にすると，次のようになります．

時　間 x（分後）	0	1	2	3	4	5	6	7	8	定 義 域 （xのとるすべての値）
家からの距離 $f(x)=y$ （m）	200	300	400	500	600					値　域 （yのとるすべての値）

x や y は変数と呼ばれ，いろいろな値をとります．時間が１つ指定されると距離が１つ定まります．このように，x の値に対して，y の値が定まるとき，**y は x の関数**であるといい，$y=f(x)$ などで表します．

表で x と y の間にどんな関係があるか考えてみましょう．

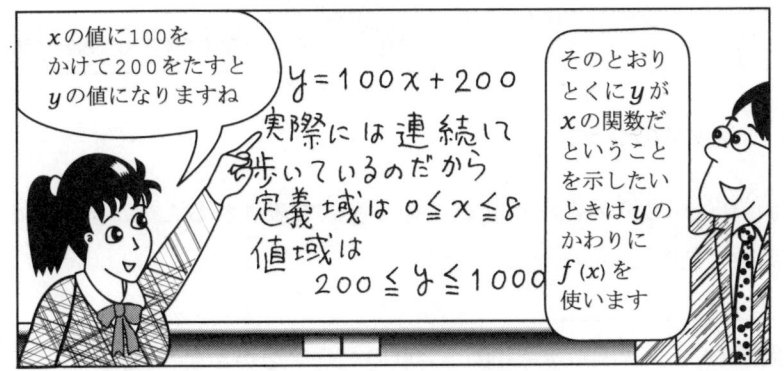

x と y との関係 $y=100x+200$ がわかったところで，表を完成させてみましょう．５分後の位置は，x を５としたときの y の値で与えられます．ですから $y=100\times5+200=700$．$f(x)=100x+200$ と書いたときは，$f(5)=100\times5+200=700$ です．同様に，$f(6)=800$，$f(7)=900$，$f(8)=1000$ です．

問題 11.　$f(x)=2x^2-x+1$ のとき，$f(3)$ と $f(-2)$ の値をそれぞれ求めなさい．

解 $f(3) = 2 \times (3)^2 - (3) + 1$ $f(-2) = 2 \times (-2)^2 - (-2) + 1$

$\qquad = 2 \times 9 - 3 + 1$ $\qquad = 2 \times 4 + 2 + 1$

$\qquad = 16$ $\qquad = 11$

② 1次関数のグラフ

$y = 100x + 200$ のように y が x の1次式で表されるとき，y は x の**1次関数**であるといいます．

> **問題12.**　1次関数 $y = 100x + 200$ のグラフをかきなさい．

解　まず対応表は63ページの表と同じですから，これに点 (x, y) を書き入れます．このような点を多くとれば結局，直線になります．

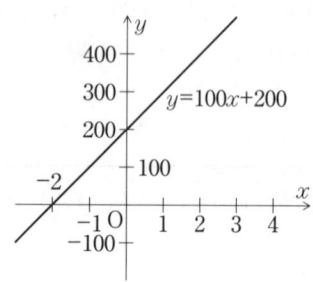

一般に1次関数のグラフは直線になります.

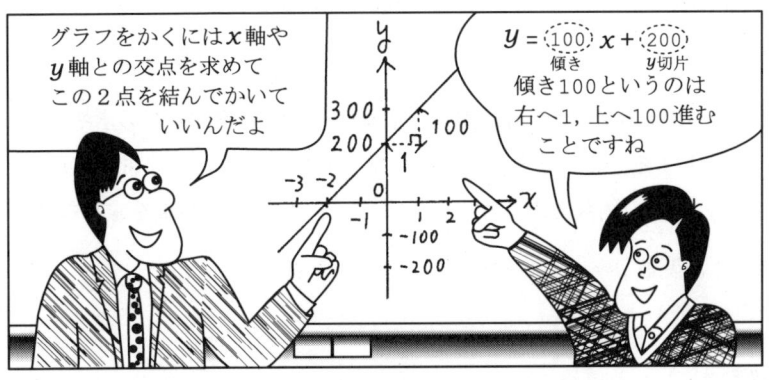

問題13. 1次関数 $y=-\dfrac{2}{3}x+1$ のグラフをかきなさい.

解 x軸との交点は,　　　　　y軸との交点は,

$y=0$ とおいて　　　　　　　　$x=0$ とおいて

$$0=-\frac{2}{3}x+1$$　　　　　　　$$y=-\frac{2}{3}\times0+1$$

を解くと　　$x=\dfrac{3}{2}$　　　　より　　$y=1$

したがって　$\left(\dfrac{3}{2},0\right)$.　　　　　したがって　$(0,1)$.

これらの2点 $\left(\dfrac{3}{2},0\right)$ と $(0,1)$ を結んでグラフをかくと

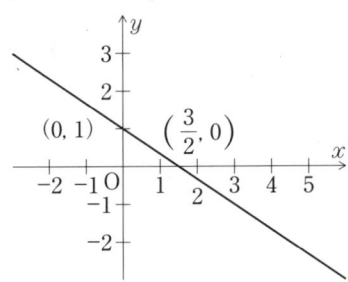

練習問題
---

1. $f(x)=x^2-3x+1$ のとき，次の値を求めなさい．

  (1) $x=-1$ のときの $f(x)$ の値   (2) $f\left(\dfrac{1}{2}\right)$ (3) $f(a+1)$

2. 1分間に水が $30\,\ell$ 流れ出る水道を使って，容積 $600\,\ell$ の水そうを満たすとする．このとき，x 分間に水そうにたまった水の量を $y\,\ell$ として y を x の関数で表しなさい．また，12分後の水の量を求めなさい．

3. 1次関数 $y=-\dfrac{3}{4}x+2$ のグラフをかきなさい．

[解答]

1. (1) $f(-1)$ の値ですから

$$f(-1)=(-1)^2-3\times(-1)+1=1+3+1=5 \quad \text{(答)}$$

  (2) $f\left(\dfrac{1}{2}\right)=\left(\dfrac{1}{2}\right)^2-3\times\left(\dfrac{1}{2}\right)+1$

$$=\dfrac{1}{4}-\dfrac{3}{2}+1=\dfrac{1}{4}-\dfrac{6}{4}+\dfrac{4}{4}=-\dfrac{1}{4} \quad \text{(答)}$$

  (3) $f(a+1)=(a+1)^2-3\times(a+1)+1$

$$=a^2+2a+1-3a-3+1=a^2-a-1 \quad \text{(答)}$$

2. 1分間で水が $30\,\ell$ 流れるから2分間で $60\,\ell$，3分間で $90\,\ell$，…，20分間で $600\,\ell$ となります．時間（分）に 30 をかけると水そうにたまった水の量（ℓ）になるから，$x\times30=y$．水そうがいっぱいになるまでに20分かかるから，定義域は $0\leqq x\leqq20$．その間に水そうにたまった水の量は $600\,\ell$ ですから，値域は $0\leqq y\leqq600$．

$$\boxed{\text{答}} \quad y=30x \qquad (0\leqq x\leqq20)$$

また，12分後の流量は $x=12$ として，

$$y=30\times12=360. \qquad\qquad \boxed{\text{答}} \quad 360\,\ell$$

3. x 軸との交点は，$y=0$ とおいて，

$$0 = -\frac{3}{4}x + 2. \qquad \boxed{答}$$

ですから $x = \frac{8}{3}$. すなわち $\left(\frac{8}{3}, 0\right)$ です.

y 軸との交点は, $x=0$ とおいて,

$y=2$. すなわち $(0, 2)$ です.

---

§4　2次関数のグラフ

$y = 2x^2 + 4x - 6$ のように y が x の2次式で表される関数を **2次関数** といいます. このグラフは, 物を投げ上げたときに描かれる曲線なので **放物線** と呼ばれています.

① $y = ax^2$ のグラフ

a が正の場合に $y = ax^2$ のグラフをかいてみましょう.

問題14. 2次関数 $y = 2x^2$ のグラフをかきなさい.

解 まず, 対応表をつくります.

x	$\cdots$	-3	-2	-1	0	1	2	3	$\cdots$
y	$\cdots$								$\cdots$

☞表を完成しなさい

答

x	$\cdots$	-3	-2	-1	0	1	2	3	$\cdots$
y	$\cdots$	18	8	2	0	2	8	18	$\cdots$

これらの点をとってグラフをかきます．このような点を多くとれば，結果として y 軸に対称な放物線と呼ばれる曲線になります．

対称軸を放物線の**軸**といいます．また，軸と放物線の交点を放物線の**頂点**といいます．

$y=2x^2$ のグラフの軸は $x=0$，頂点の座標は $(0,0)$ です．

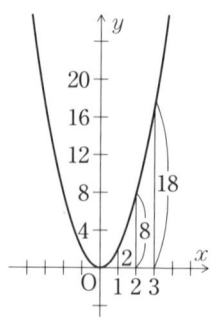

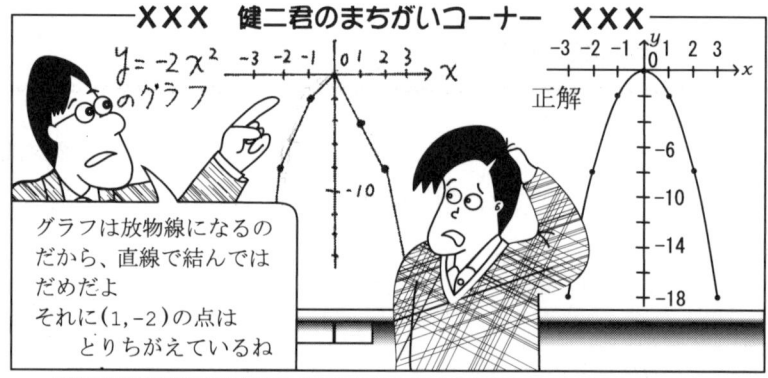

② 2次式の変形

2次式 ax^2+bx+c を $a(x+\square)^2+\triangle$ の形にすることを**平方完成する**といいます．

$y=ax^2+bx+c$ のグラフをかくとき，この平方完成を用います．

問題 15. 2次式 $x^2-6x+14$ を平方完成しなさい．

解 $x^2 - 6x + 14 = x^2 - 6x + 9 - 9 + 14$

$\qquad = (x^2 - 6x + 9) - 9 + 14$

$\qquad = (x-3)^2 + 5$ （答）

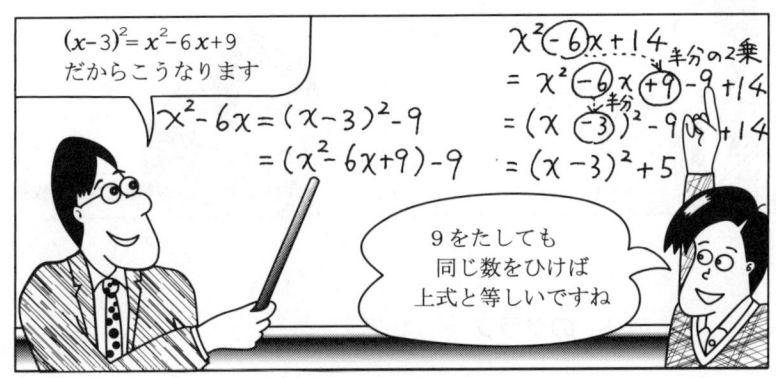

$(x-3)^2 = x^2 - 6x + 9$
だからこうなります

$x^2 - 6x = (x-3)^2 - 9$
$\qquad = (x^2 - 6x + 9) - 9$

9をたしても
同じ数をひけば
上式と等しいですね

次に，x^2 の係数が 1 でない式を変形します．

問題16. $-2x^2 + 12x - 12$ を平方完成しなさい．

解 $\qquad\qquad -2x^2 + 12x - 12$

$-2x^2 + 12x$ を -2 でくくって，

$\qquad = -2(x^2 - {}^{ア}\square x) - 12$ ☞空らんをうめよ

$\qquad = -2(x^2 - 6x + {}^{イ}\square - {}^{ウ}\square) - 12$

$\qquad = -2\{(x^2 - 6x + 9) - 9\} - 12$

$\qquad = -2\{(x - {}^{エ}\square)^2 - 9\} - 12$

$\qquad = -2(x-3)^2 + {}^{オ}\square - 12$

$\qquad = -2(x-3)^2 + 6$ （答）

空らんの答 ア＝6，イ＝9，ウ＝9，エ＝3，オ＝18

$x^2 + 3$ のように x の項がない 2 次式は，すでに平方完成されているので変形する必要はありません．これは，$(x+0)^2 + 3$ と考えます．

x^2の係数 -2 で
わってはダメ
なんだよ

$$-2x^2+8x-6$$
$$= x^2-4x+3$$
$$= x^2-4x+4-4+3$$
$$= (x-2)^2-1$$

正解
$$=-2(x^2-4x)-6$$
$$=-2(x^2-4x+4-4)-6$$
$$=-2\{(x-2)^2-4\}-6$$
$$=-2(x-2)^2+8-6$$
$$=-2(x-2)^2+2$$

方程式 $-2x^2+8x-6=0$
ならば，両辺を -2 で
わっていいんですね

③　$y=ax^2+bx+c$ **のグラフ**

　$y=ax^2$ のグラフは，頂点が原点となる特別なものでした．ここでは，頂点が原点にならない一般的なグラフをかきます．

問題17.　$y=2x^2+4x-6$ のグラフをかきなさい．　3/21

解　まず，対応表をつくります．

x	…	-4	-3	-2	-1	0	1	2	3	4	…
y	…										…

☞表を完成
しなさい

答

x	-4	-3	-2	-1	0	1	2	3	4
y	10	0	-6	-8	-6	0	10	24	42

　これらの点をとってグラフをかきます．このような点を多くとれば，結果として放物線となり，71ページの図のようになります．グラフから，軸の方程式は $x=-1$，頂点の座標は $(-1, -8)$ です．また，グラフの形は $y=2x^2$ のグラフと同じであることがわかります．ところで，

これを別の観点から考えてみます．

まず，$y=2x^2+4x-6$ を平方完成します．

$$y=2x^2+4x-6$$
$$=2(x^2+2x)-6$$
$$=2(x^2+2x+1-1)-6$$
$$=2\{(x+1)^2-1\}-6$$
$$=2(x+1)^2-2-6$$
$$=2(x+1)^2-8$$

すなわち，$y+8=2(x+1)^2$ となります．
ここで $X=x+1$，$Y=y+8$ とおくと，
$Y=2X^2$ となります．ですから，$y=2x^2+4x-6$ のグラフは，$y=2x^2$ のグラフと同じ形になるのです．また，頂点の座標は $X=x+1=0$ と $Y=y+8=0$ を解いて，$x=-1$，$y=-8$ より $(-1, -8)$ となります．

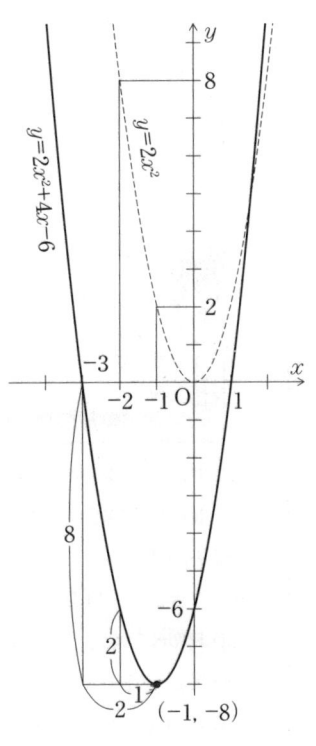

$(-1, -8)$

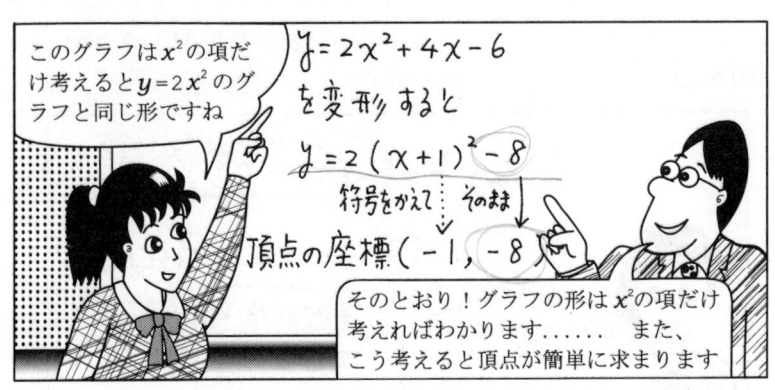

ポケコンコーナー 5

問題 14 の対応表を x のとる範囲を変えて，0.1 きざみで作成してみよう．

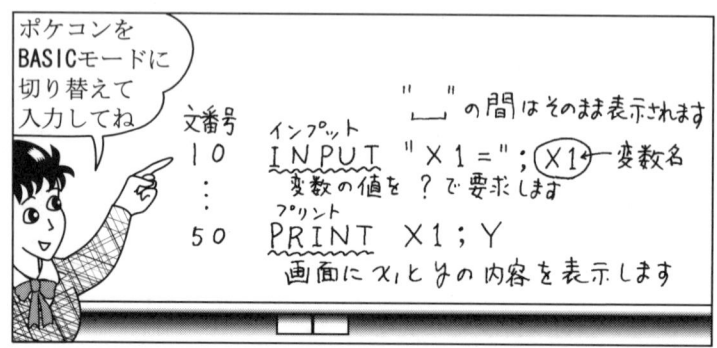

10 INPUT "X1=";X1 ⎫
20 INPUT "X2=";X2 ⎬ …… x の範囲を x_1 から x_2 と決める

30 PRINT "X　　　Y"　…… 「X　　Y」をプリント（表示）する

40 Y=2*(X1)^2　…… $y=2x^2$ に x_1 を代入する

50 PRINT X1;　Y　…… x_1 と y の値を印字する

60 X1=X1+.1　…… x_1 に 0.1 を加えて，次に代入する値を決める

70 IF X1=<X2 THEN 40　…… x_1 に 0.1 を加えた値が，x_2 以下のとき
　　　　　　　　　　　　　　　　は 40 行へいきなさい，x_2 より大のとき
　　　　　　　　　　　　　　　　は下の行へいきなさいという命令

80 END　　　　　　　…… 終了

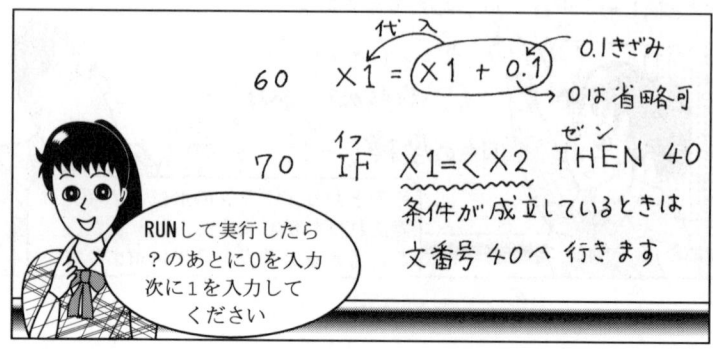

| X1=? 0 | | X1=? 1 | | X1=? 2 | |
| X2=? 1 | | X2=? 2 | | X2=? 3 | |
X	Y	X	Y	X	Y
0	0	1	2	2	8
.1	.02	1.1	2.42	2.1	8.82
.2	.08	1.2	2.88	2.2	9.68
.3	.18	1.3	3.38	2.3	10.58
.4	.32	1.4	3.92	2.4	11.52
.5	.5	1.5	4.5	2.5	12.5
.6	.72	1.6	5.12	2.6	13.52
.7	.98	1.7	5.78	2.7	14.58
.8	1.28	1.8	6.48	2.8	15.68
.9	1.62	1.9	7.22	2.9	16.82
1	2	2	8	3	18

| X1=? 3 | | X1=? 4 | |
| X2=? 4 | | X2=? 5 | |
X	Y	X	Y
3	18	4	32
3.1	19.22	4.1	33.62
3.2	20.48	4.2	35.28
3.3	21.78	4.3	36.98
3.4	23.12	4.4	38.72
3.5	24.5	4.5	40.5
3.6	25.92	4.6	42.32
3.7	27.38	4.7	44.18
3.8	28.88	4.8	46.08
3.9	30.42	4.9	48.02
4	32	5	50

問題 18. $y = -2x^2 + 8x - 6$ のグラフをかきなさい.

解 平方完成すると,

$$y = -2(x-2)^2 + 2$$

したがって,頂点の座標は $(2, 2)$ です.

x 軸との交点は,$y = 0$ とおいた方程式

$$0 = -2x^2 + 8x - 6$$

を解いて,$x = 1, 3$. すなわち,$(1, 0)$ と $(3, 0)$
です.

y 軸との交点は,$x = 0$ とおいて,

$$y = -2 \times (0)^2 - 8 \times (0) - 6$$

より $y = -6$ すなわち,$(0, -6)$ です. この 4
点を通るような放物線をかくと,右の図のよう
になります.

答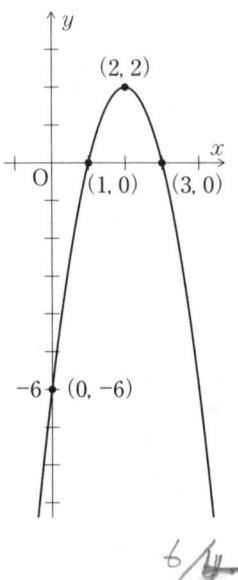

問題 19. 頂点の座標が $(2, 2)$ で,$(3, 0)$ を通る放物線の方程式を
求めなさい.

―XXX 健二君のまちがいコーナー XXX―

頂点が $(2, 2)$ だから
$$y = (x - 2)^2 + 2$$
$(3, 0)$ を通るから
$$0 = (3 - 2)^2 + 2 = 1^2 + 2 = 3$$

あれ?
へんだなぁ

頂点が
$(2, 2)$ と
なる方程式は
$y = a(x - 2)^2 + 2$

吹き出し（右上）: 頂点が $(2, 2)$ の放物線は
いくつも考えられます

吹き出し（左）: そのうち $(3, 0)$
を通る放物線を
みつけるために
グラフの形は
$y = ax^2$ と同じ
形だと考えてみ
るのがいいね

解　$y = ax^2$ のグラフと同じ形と考えて，頂点の座標が $(2, 2)$ となる
方程式は

$$y = a(x-2)^2 + 2$$

ここで $(3, 0)$ を通るという条件を考えると

$$0 = a(3-2)^2 + 2$$

$$0 = a + 2$$

$$a = -2$$

したがって，求める放物線の方程式は

$$y = -2(x-2)^2 + 2$$

すなわち $y = -2x^2 + 8x - 6$ となる．　　　　**答**　$y = -2x^2 + 8x - 6$

問題20.　3 点 $(1, 0)$，$(3, 0)$，$(0, -6)$ を通る放物線の方程式を求
めなさい．

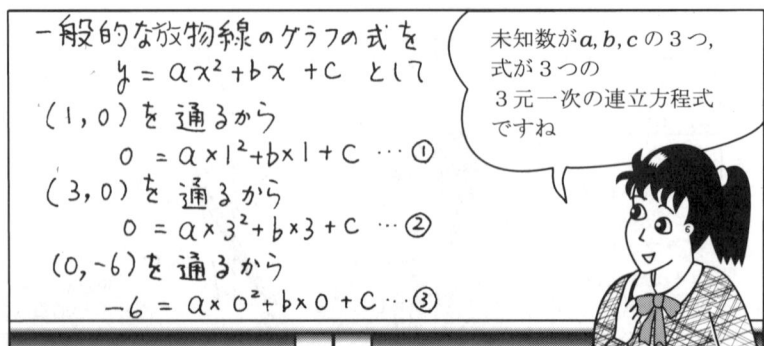

解　一般的な放物線のグラフの式を
$$y = ax^2 + bx + c \text{ として}$$
$(1, 0)$ を通るから
$$0 = a \times 1^2 + b \times 1 + c \quad \cdots ①$$
$(3, 0)$ を通るから
$$0 = a \times 3^2 + b \times 3 + c \quad \cdots ②$$
$(0, -6)$ を通るから
$$-6 = a \times 0^2 + b \times 0 + c \quad \cdots ③$$

未知数が a, b, c の 3 つ，式が 3 つの 3 元一次の連立方程式ですね

整理すると

$$\begin{cases} a + b + c = 0 & ① \\ 9a + 3b + c = 0 & ② \\ c = -6 & ③ \end{cases}$$

③を①と②に代入すると c が消去できます．

③を①に代入して

$$a + b - 6 = 0 \qquad\qquad ①'$$

③を②に代入して

$$9a + 3b - 6 = 0 \qquad\qquad ②'$$

整理すると

$$\begin{cases} a + b = 6 & ①'' \\ 9a + 3b = 6 & ②'' \end{cases}$$

$$
\begin{array}{rl}
①''\times 3 & 3a + 3b = 18 \\
-)\ ②'' & \underline{9a + 3b = 6} \\
& -6a = 12 \\
\therefore & a = -2 \qquad\qquad ④
\end{array}
$$

④を①'' に代入して

$$-2 + b = 6$$

$$\therefore \quad b=8$$

答 $a=-2$, $b=8$, $c=-6$ だから

放物線の方程式は

$$y=-2x^2+8x-6$$

練習問題

1. 次の2次式を平方完成しなさい.

   (1) x^2+6x+5 (2) $-3x^2+2x+1$

2. 次の2次関数のグラフをかきなさい.

   (1) $y=x^2-6x+14$ (2) $y=-2x^2+12x-12$ $(0 \leqq x \leqq 4)$

3. 次の放物線の方程式を求めなさい.

   (1) 軸の方程式が $x=2$ で，2点 $(1,3)$, $(4,9)$ を通る放物線

   (2) 3点 $(1,2)$, $(-1,-4)$, $(3,-8)$ を通る放物線

解答

1. (1) x^2+6x+5

    $=x^2+6x+9-9+5$

    $=(x^2+6x+9)-9+5$

    $=(x+3)^2-4$ (答)

(2) $-3x^2+2x+1$

$=-3\left(x^2-\dfrac{2}{3}x\right)+1$

$=-3\left(x^2-\dfrac{2}{3}x+\dfrac{1}{9}-\dfrac{1}{9}\right)+1$

$=-3\left\{\left(x^2-\dfrac{2}{3}x+\dfrac{1}{9}\right)-\dfrac{1}{9}\right\}+1$

$=-3\left\{\left(x-\dfrac{1}{3}\right)^2-\dfrac{1}{9}\right\}+1$

$=-3\left(x-\dfrac{1}{3}\right)^2+\dfrac{1}{3}+1$

$=-3\left(x-\dfrac{1}{3}\right)^2+\dfrac{4}{3}$ (答)

2. (1) 式の変形は，問題15より

$$y=(x-3)^2+5$$

ですから，頂点の座標は $(3,5)$.

x 軸との交点は，$y=0$ とおいた方程式

$$0 = x^2 - 6x + 14$$

を解くと，$x = 3 \pm \sqrt{-5}$ となり，解はありません．このとき，x 軸との交点はありません．

y 軸との交点は，$x=0$ とおいて

$$y = (0)^2 - 6 \times (0) + 14$$

より $y = 14.$

グラフは左下のようになります．

答

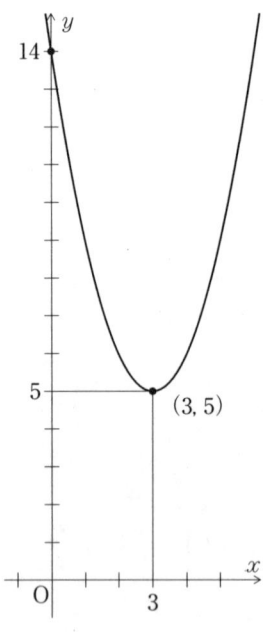

答

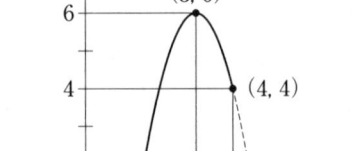

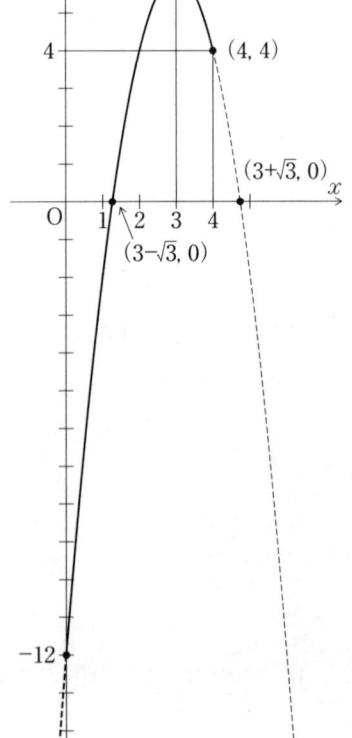

(2) 問題 16 より，$y = -2(x-3)^2 + 6$ と変形できます．頂点の座標は $(3, 6)$．x 軸との交点は，$y = 0$ とおいた式 $0 = -2x^2 + 12x - 12$ を解いて，$x = 3 \pm \sqrt{3}$，すなわち $(3 + \sqrt{3}, 0)$ と $(3 - \sqrt{3}, 0)$．y 軸との交点は，$x = 0$ とおいて $y = -2 \times (0)^2 + 12 \times (0) - 12$ より $y = -12$，すなわち，$(0, -12)$．定義域 $(0 \leq x \leq 4)$ で考えるときは，その両端の値を求めておきます．

$x = 0$ のときは $y = -12$．

$x = 4$ のときは $y = -2 \times (4)^2 + 12 \times (4) - 12$

より，$y = 4$．78 ページの右のグラフで実線の部分となります．

3. (1) 軸の方程式が $x = 2$ より，頂点の座標は $(2, q)$ とおけます．

$y = ax^2$ のグラフと同じ形で頂点の座標が $(2, q)$ の方程式は

$y = a(x-2)^2 + q$．ここで $(1, 3)$ を通るから

$$3 = a(1-2)^2 + q \qquad ①$$

$(4, 9)$ を通るから $\qquad 9 = a(4-2)^2 + q \qquad ②$

①，②を整理して

$$\begin{array}{ll} ① & a + q = 3 \\ -)\ ② & 4a + q = 9 \\ \hline & -3a = -6 \\ & a = 2 \\ & q = 1 \end{array}$$

したがって $y = 2(x-2)^2 + 1$ となります．

すなわち $y = 2x^2 - 8x + 9$ （答）

(2) 一般的な放物線の式を $y = ax^2 + bx + c$ とおいて

$(1, 2)$ を通るから $\qquad 2 = a + b + c \qquad ①$

$(-1, -4)$ を通るから $\quad -4 = a - b + c \qquad ②$

$(3, -8)$ を通るから $\quad -8 = 9a + 3b + c \qquad ③$

a, b, c のどれか 1 つを消去します．この場合は c とします．①−②で

$$6 = 2b \qquad ④$$

①−③で

$$10=-8a-2b \hspace{4em} ⑤$$

④より $b=3$ ⑥

これを，⑤に代入して $a=-2$ ⑦

⑥と⑦を①に代入して $c=1$

$a=-2,\ b=3,\ c=1$ となり，求める放物線の方程式は

答　$y=-2x^2+3x+1$

x軸と2次関数のグラフとの関係をみると
①2点で交わる
②1点で交わる（接する）
③交わらない
の3通りに分けられます

① 2点で交わる

例　$y=-2x^2+8x-6$

$0=-2x^2+8x-6$

を解いて $x=1,3$

異なる2つの解1と3をもつ（判別式Dが正）

② 1点で交わる

例　$y=2x^2$

$0=2x^2$

を解いて $x=0$

重複解0をもつ（Dが0）

③ 交わらない

例　$y=x^2-6x+14$

$0=x^2-6x+14$

を解いて $x=3\pm\sqrt{-5}$

$\sqrt{}$ の中が負より，解なし（Dが負）

実数解の数はx軸とグラフの交点の数なんですね

§5 2次関数の値の変化

　グラフをかくと，値の変化のようすが一目でわかります．1次関数の場合は，一定の値をとるか，一定の割合で増加するか，減少するかのいずれかです．2次関数の場合は，増加したり減少したりします．ここでは，2次関数の値の変化のようすについて考え，さらに不等式の解法に応用します．

① 最大値，最小値

　グラフをかくことによって，2次関数の最大値や最小値を求めます．最大値は，xのいろいろな値に対応するyの値の最大の数です．すなわち，グラフでは一番上の点です．また，最小値はその逆になります．

> **問題 21.** 関数 $y=-x^2+2x-2$ の最大値または最小値を求めなさい．

解　まず平方完成をします．

$$y=-x^2+2x-2$$
$$=-(x^2-2x+1-1)-2$$
$$=-(x-1)^2-1$$

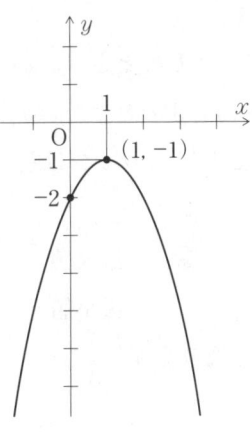

したがって頂点の座標は$^{ア}\boxed{(\ \ ,\ \ )}$，y軸との交点は，$x=0$とおいて，$y=^{イ}\boxed{}$．グラフは$^{ウ}\boxed{}$に凸となり，x軸とは交わりません．これをグラフにかくと，右の図のようになります． ☞空らんをうめよ

ですから y は最大値を $x=1$ でとり，値は-1です．これを最大値
-1 $(x=1)$ と書きます．

空らんの答　ア$=(1, -1)$，イ$=-2$，ウ$=$上

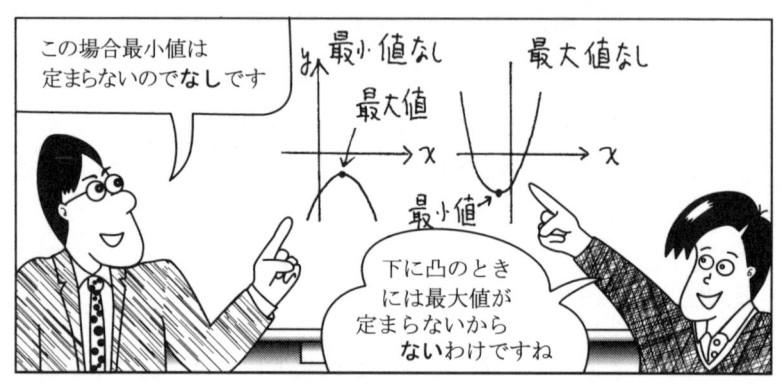

問題22.　関数 $y=-x^2+2x-2$ $(0\leqq x\leqq 3)$ の最大値および最小値
を求めなさい．

[解]　関数は問題21と同じですから，関数全体のグラフは問題21の図
と同じです．しかし，定義域は $0\leqq x\leqq 3$ ですから，両端の値を求めま
す．

　　$x=0$ のとき　　$y=-2$
　　$x=3$ のとき　　$y=-5$

ですから，グラフは右の図のようになります．
これより

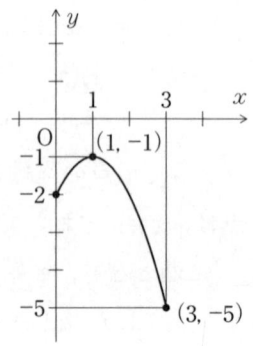

[答]　　最大値　-1　$(x=1)$
　　　　最小値　-5　$(x=3)$

となります．

② 不等式

ここでは，応用として，グラフを用いて不等式を解いてみましょう．その前にいくつかの準備をします．

▶▶ 数直線

実数は一直線上の点と 1 対 1 に対応づけられます．実数と対応づけられた直線を**数直線**(すうちょくせん)といい，数直線で数の 0 に対応する点 O を**原点**(げんてん)，数の 1 に対応する点 E を**単位点**(たんいてん)といいます．

数直線は，原点 O を境として 2 つの部分に分かれます．単位点 E を含む側の点に対応する実数は正で，反対側の点に対応する数は負です．点 A に対応する実数を a とするとき，a を点 A の**座標**(ざひょう)といい，A(a) と書きます．また点 A のことを点 a ともいいます．

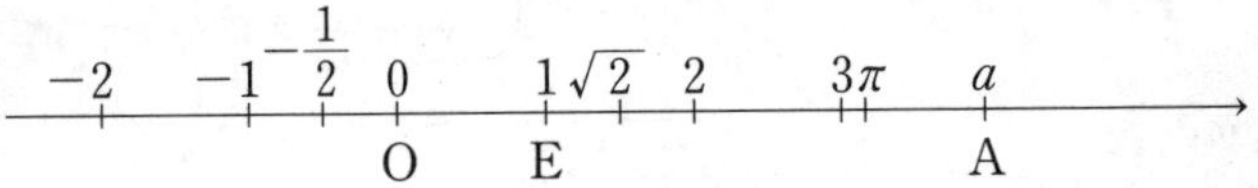

▶▶ 実数の大小

数直線上では数の大小関係は一目でわかります．大小関係を式で表すには，**不等号**（>，<，≧，≦）を使い，不等号で結ばれた式を**不等式**といいます．

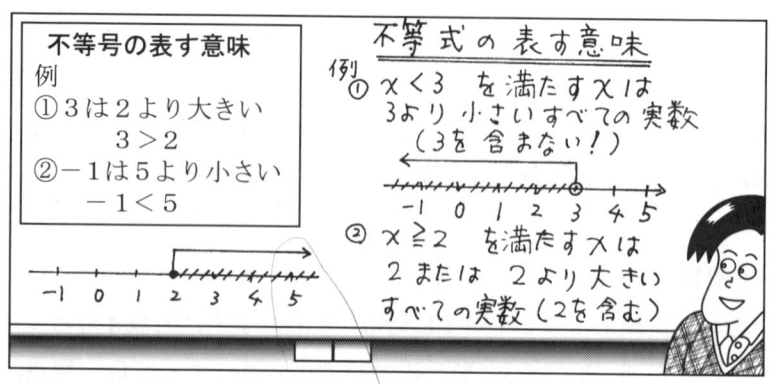

▶▶ 不等式の表す意味

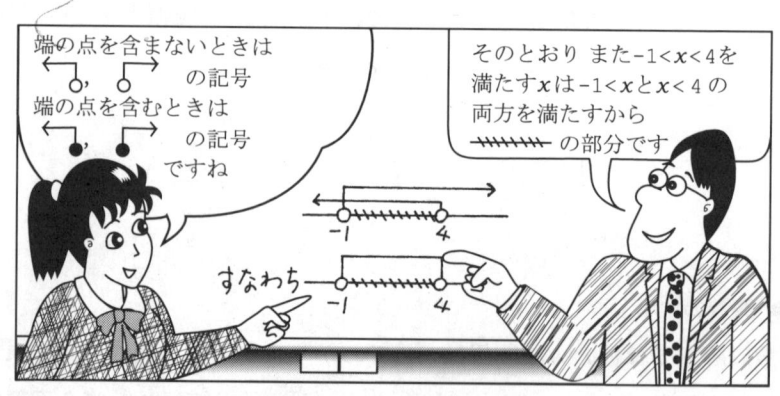

端の点を含まないときは ⟶○, ○⟵ の記号
端の点を含むときは ⟶● , ●⟵ の記号
ですね

そのとおり また −1 < x < 4 を満たす x は −1 < x と x < 4 の両方を満たすから ⤙⤙⤙⤙ の部分です

すなわち ⟶

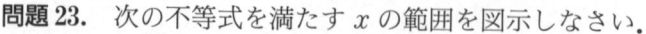

問題 23. 次の不等式を満たす x の範囲を図示しなさい.

(1) $x < -2$　　　(2) $x \geqq 1$　　　(3) $-2 \leqq x \leqq 3$

答 (1)　　　　　　(2)　　　　　　(3)

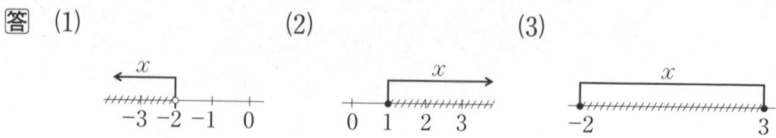

問題 24. 次の図で示された x の範囲を不等式で表しなさい.

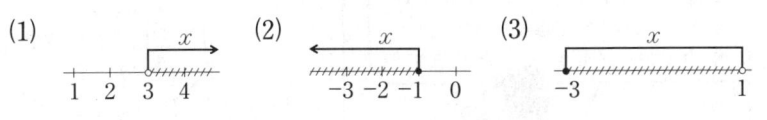

(1)

(2)

(3)

答 (1) $3<x$ ($x>3$ と書いてもよい) (2) $x\leqq-1$ (3) $-3\leqq x<1$

次に, 簡単な 1 次不等式を解いてみましょう.

問題 25. 1 次不等式 $4x-8<x+1$ を解きなさい.

解 $\qquad 4x-8<x+1$

移項して $\qquad 4x-x<1+8$

計算して $\qquad 3x<9$

両辺を 3 で割って $\quad x<3$

これをグラフを使って解いてみましょう. ま
ず, 移項して右辺を 0 にします.

$$4x-8-x-1<0$$

計算して $\qquad 3x-9<0$

ここで, $y=3x-9$ とおいてこのグラフをかき
ます. そして, y の値が負となる x の値の範
囲を求めます. 右の図より, 求める x の値の
範囲は $x<3$ です.

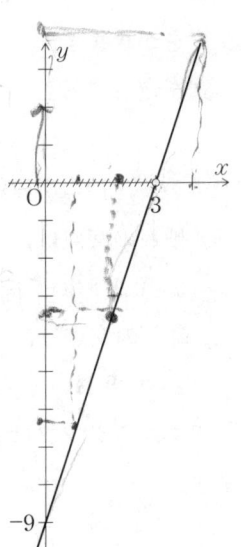

答 $x<3$

問題26. 次の2次不等式を解きなさい.

   (1) $x^2 - 4x - 5 > 0$ (2) $x^2 - 4x - 5 \leqq 0$

解 $y = x^2 - 4x - 5$ とおいて,このグ

ラフをかきます.

  式を変形すると,

$$y = (x - 2)^2 - 9$$

ですから,頂点の座標は $(2, -9)$.

  x 軸との交点は,

    $y = 0$ とおいて $x = -1,\ 5$.

  y 軸との交点は,

    $x = 0$ とおいて $y = -5$.

  ですからグラフは右の図のようになり

ます.

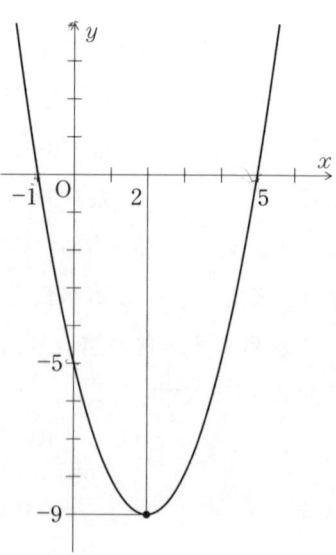

(1)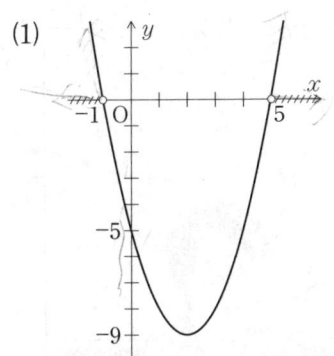

(2)

y の値が正となる x の値の範囲は，上の図より，$x<-1$ と $5<x$ となります．

答 $x<-1$, $5<x$

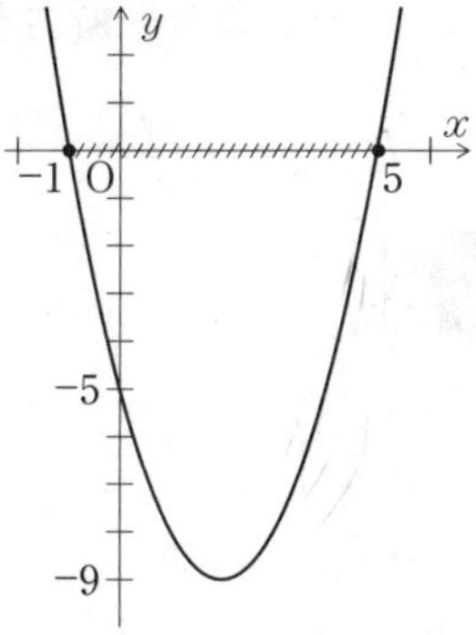

y の値が 0 または負となる x の値の範囲は，上の図より，

$-1\leqq x\leqq 5$ となります．

答 $-1\leqq x\leqq 5$

問題 27. 次の不等式を解きなさい．

(1) $x^2-4x+4>0$ (2) $x^2-4x+4<0$

(3) $x^2-4x+4\geqq 0$ (4) $x^2-4x+4\leqq 0$

解 $y=x^2-4x+4$ とおいて，$y=(x-2)^2$ と変形します．この関数のグラフの頂点の座標は，$(2,0)$．

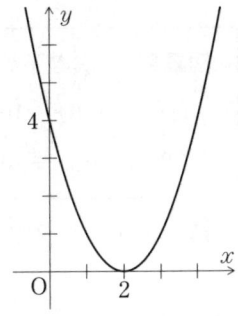

x 軸との交点は，

    $y=0$ とおいて $x=2$（重複解）

y 軸との交点は，

    $x=0$ とおいて $y=4$

ですからグラフは右の図のようになります．

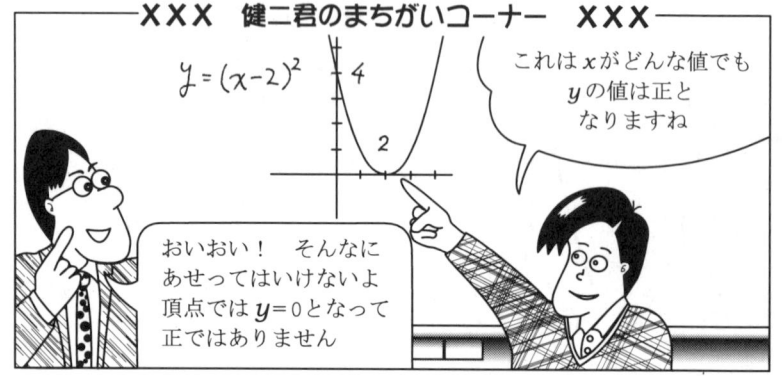

(1) y の値が正となる x の値の範囲ですから，「2以外のすべての実数」となります． 答 2以外のすべての実数

(2) y の値が負となる x の値はありませんから，「解なし」となります． 答 解なし

(3) y の値が正または0となる x の値の範囲ですから，「すべての実数」となります． 答 すべての実数

(4) y の値が負または0となる x の値は2だけですから，「$x=2$」となります． 答 $x=2$

問題28. 次の不等式を解きなさい．

(1) $x^2+6x+10>0$ (2) $x^2+6x+10<0$

(3) $x^2+6x+10\geqq 0$ (4) $x^2+6x+10\leqq 0$

解 まず，グラフをかきます．

$$y=x^2+6x+10$$

とおいて

$y=(x+\text{ア}\boxed{})^2+\text{イ}\boxed{}$ ☞空らんをうめよ

と変形できますから

頂点の座標は，ウ$($　,　$)$.

x 軸との交点は，エ□.

y 軸との交点は，オ□.

したがって，グラフは右の図のようになり
ます.

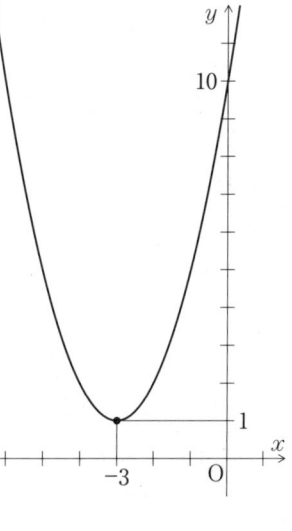

(1)　y の値はいつも正ですから，「すべ
ての実数」となります.

(2)　y の値が負になるところはないです
から，「解なし」となります.

(3)　y の値が正または 0 となる x の値
の範囲を求めるわけですが，$y=0$ と
ならないから，(1)と同じ「すべての実数」となります.

(4)　y の値は負にも 0 にもならないから，「解なし」となります.

　　空らんの答　ア$=3$，イ$=1$，ウ$=(-3,1)$，エ$=$なし，オ$=10$

x^2 の係数が負の場合，たとえば $-x^2+3x-2<0$ を解くときは，移項
して $0<x^2-3x+2$ を解けばよいのです.

── **練習問題** ──

1.　次の関数の最大値および最小値を求めなさい.

(1)　$y=x^2-4x+3$　　　　　(2)　$y=-2x^2-2x+4$ $(-1\leqq x\leqq1)$

2.　次の不等式を満たす x の範囲を図示しなさい.

(1)　$x\leqq-3$　　　　　(2)　$2<x\leqq5$

3.　次の図で示された x の範囲を不等式で表しなさい.

(1)
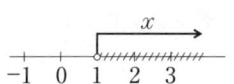

(2)
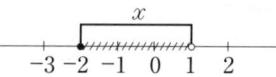

⒋ 次の不等式を解きなさい.

(1) $\dfrac{2}{3}x+\dfrac{1}{2} \leqq \dfrac{3}{2}x+\dfrac{5}{2}$

(2) $2x+3 \geqq x^2$

[解答]

1. (1) まず, グラフをかくために式を変形します.

$$y = x^2 - 4x + 3$$
$$= (x-2)^2 - 1$$

ですから頂点の座標は $(2, -1)$

x 軸との交点は

$$0 = x^2 - 4x + 3$$

を解いて, $x = 1, 3$.

y 軸との交点は

$$y = 0^2 - 4 \times 0 + 3 = 3$$

より $y = 3$.

(2) グラフをかきます. 式を変形して,

$$y = -2\left(x + \dfrac{1}{2}\right)^2 + \dfrac{9}{2}$$

ですから頂点の座標は $\left(-\dfrac{1}{2}, \dfrac{9}{2}\right)$

x 軸との交点は

$$0 = -2x^2 - 2x + 4$$

を解いて $x = -2, 1$.

y 軸との交点は $y = 4$.

また, 定義域の両端の値は,

$x = -1$ のとき $y = 4$,

$x = 1$ のとき $y = 0$.

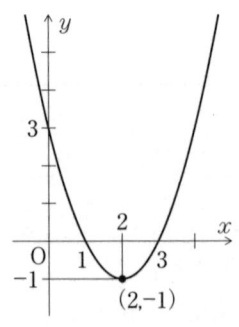

グラフより

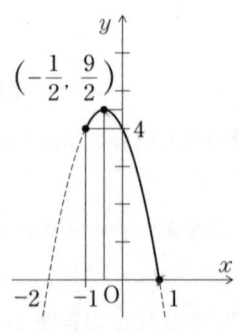

グラフより

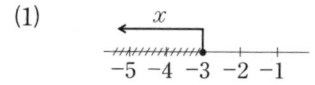
答 最大値　　なし
　　最小値　　-1　$(x=2)$

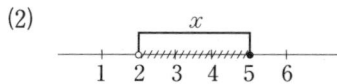
答 最大値　　$\dfrac{9}{2}$　$\left(x=-\dfrac{1}{2}\right)$
　　最小値　　0　$(x=1)$

2. 答

(1)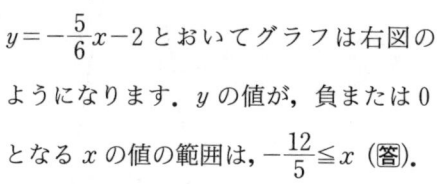

(2)

3. 答 (1)　$1<x$（または $x>1$）　(2)　$-2\leqq x<1$

4. (1)　移項して

$$\dfrac{2}{3}x-\dfrac{3}{2}x+\dfrac{1}{2}-\dfrac{5}{2}\leqq 0$$

計算して

$$-\dfrac{5}{6}x-2\leqq 0$$

$y=-\dfrac{5}{6}x-2$ とおいてグラフは右図の

ようになります．y の値が，負または 0

となる x の値の範囲は，$-\dfrac{12}{5}\leqq x$（答）.

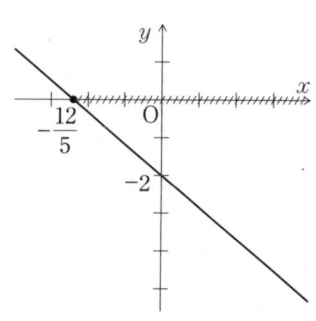

(2)　移項して

$$0\geqq x^2-2x-3$$

さらに

$$y=x^2-2x-3$$
$$=(x-1)^2-4$$

ですから頂点の座標は $(1,-4)$.

x 軸との交点は，$y=0$ とおいて　$x=-1,3$.

y 軸との交点は，$x=0$ とおいて　$y=-3$.

グラフは図のようになります．したがって，求める x の範囲は

$-1\leqq x\leqq 3$（答）.

TOPICS

もっとも広く囲むには？

牧場主が子どもに 6000 m の有刺鉄線をわたし，長方形の形に囲いをするように言いました．さて，どんな囲い方をすれば最も面積の広い土地を囲むことができるでしょうか？

縦を x m とすれば，横は $(3000-x)$ m ですから，この長方形の面積 y (m^2) は

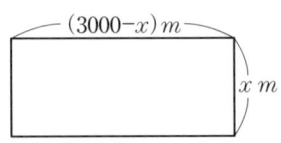

$$y = x(3000-x)$$
$$= 3000x - x^2$$

定義域は，縦，横ともに 0 より大きいから

$$0 < x < 3000$$

となります．平方完成をして

$$y = 3000x - x^2$$
$$= -x^2 + 3000x$$
$$= -(x-1500)^2 + 2250000$$

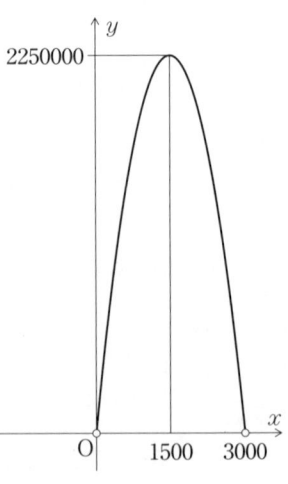

この関数のグラフは，右の図のようになります．したがって，最大値 2250000 ($x = 1500$)．すなわち，縦，横 1500 (m) の長方形（正方形）のとき面積最大となります．

長方形に囲むという条件がなければ，円で囲むともっと面積が大きくなりますよ．

第3章　数列

並んでいる数に規則性があれば何番目にどんな数がくるかわかります
この章では様々な規則で並んだ数(数列)とそのおもしろい性質について説明します

§1 等差数列

ある規則によって並べられた数の列を**数列**といいます．数列はそれがどのような規則で並んでいるかを知ることが大切です．

問題1. 次の数列の□に当てはまる数を入れなさい．

$$2, 5, 8, □, 14, \cdots$$

数列の1つ1つの数を**項**といいます．各項は並びの順に番号を付け，任意の n 番目の項を**第 n 項**といい，a_n で表します．$(n=1, 2, 3, \cdots)$

第1項 a_1 は**初項**といい，項の数（項数）が有限の数列は最後の項を**末項**といいます．また数列を表すのに項を1つ1つ書くのを省略して $\{a_n\}$ と書くこともあります．

（問題1の数列の例）

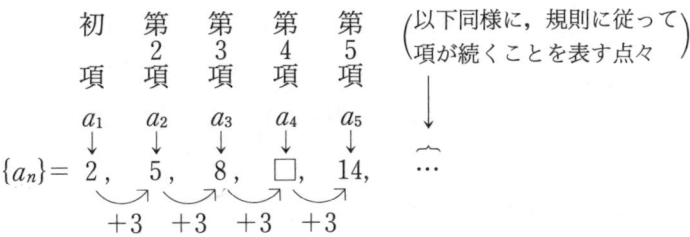

この数列のように隣り合う2項の差が等しい数列を**等差数列**といい，その差を**公差**といいます．

解 この数列は初項2，公差3の等差数列なので□（第4項 a_4）は次のようにして求まります．

$$a_4 = a_3 + 3$$
$$= 8 + 3 = 11$$

答 □は11

数列の規則をみつける第1のキーポイントは第 n 項 a_n から次の項 a_{n+1} がどうやってできるかを知ることです．

この関係を表した式を**漸化式**といいます．

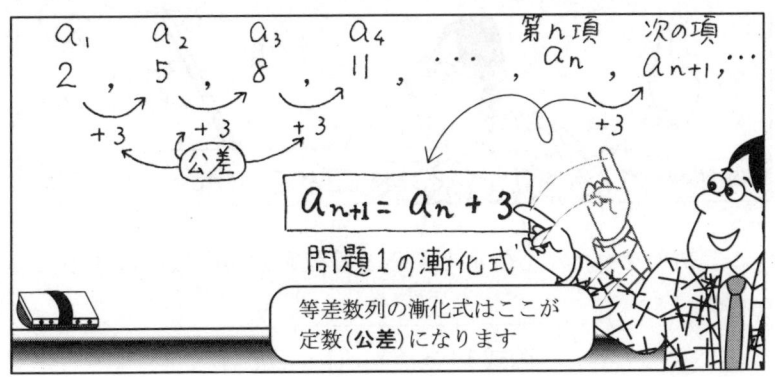

漸化式が同じでも初項が違えば数列は違ってきます．

$$a_{n+1}=a_n+3 \begin{cases} \text{初項1の場合} & 1, \quad 4, \quad 7, \quad 10, \cdots \\ & \qquad \underset{+3}{\searrow} \underset{+3}{\searrow} \underset{+3}{\searrow} \\ \text{初項3の場合} & 3, \quad 6, \quad 9, \quad 12, \cdots \\ & \qquad \underset{+3}{\searrow} \underset{+3}{\searrow} \underset{+3}{\searrow} \end{cases}$$

漸化式と初項がわかれば数列 $\{a_n\}$ が決まります．

数列の規則をみつける第2のキーポイントは，項の番号と項の値の関係をみつけることです．

第 n 項 a_n を n の式で表したものを**一般項**といい，一般項がわかれば数列 $\{a_n\}$ の何番目がいくつになるか，すぐにわかります．

ここで初項を a，公差を d とすると等差数列の一般項は次のようになります．

公式1 $a_n = a + (n-1)d$

問題1の一般項

$$a_n = 3n - 1$$

の n に 4 を代入すると

$$a_4 = 3 \times (4) - 1 = 11$$

となり，一般項からも□の答が求まります．$3 \times (4)$ を $3 \cdot (4)$ とも書きます.

問題2. 数列 $\{a_n\}$ において $a_1 = 7$，$a_{n+1} = a_n - 2$ のとき次の問に答えなさい.

(1) 初項から第6項までを書きなさい.

(2) 一般項 a_n を求めなさい.

(3) 第20項を計算しなさい.

(4) -19 は第何項でしょうか.

解 (1) $a_1 = \underset{\sim}{7}$

$a_2 = a_1 - 2 = \underset{\sim}{5}$

$a_3 = a_2 - 2 = \underset{\sim}{3}$

$a_4 = a_3 - 2 = \underset{\sim}{1}$

$a_5 = a_4 - 2 = \underset{\sim}{-1}$

$a_6 = a_5 - 2 = \underset{\sim}{-3}$

(2) この数列は初項7，公差 -2 の等差数列なので，一般項は公式1より

$$a_n = 7 + (n-1)(-2)$$
$$= 7 - 2n + 2$$
$$= \underwave{-2n + 9} \quad \text{(答)}$$

(3) 一般項の n に 20 を代入すると

$$a_{20} = -2 \cdot (20) + 9 = \underwave{-31} \quad \text{(答)}$$

(4) 一般項より方程式を立てます.

$$-2n + 9 = -19$$
$$-2n \quad = -19 - 9$$
$$-2n \quad = -28$$
$$n = 14 \qquad \qquad \text{答} \quad 第 14 項$$

問題 3. 等差数列 $\{a_n\}$ において第 17 項が 67, 第 49 項が 227 のとき一般項を求め, 漸化式を書きなさい.

解 初項 a, 公差 d とすると, 公式 1 より

$$\begin{cases} a_{17} = a + (17-1)d = 67 & \text{①} \\ a_{49} = a + (49-1)d = 227 & \text{②} \end{cases}$$

連立方程式を解きます.

$$\begin{array}{ll} a + 48d = 227 & \text{②}' \\ -)\ a + 16d = 67 & \text{①}' \\ \hline \end{array}$$

$$\text{②}' - \text{①}' より \quad 32d = 160$$
$$\therefore \quad d = 5 \qquad \text{③}$$

③を①' に代入

$$a + 16 \cdot (5) = 67$$
$$a \qquad = 67 - 80$$
$$= -13$$

この数列 $\{a_n\}$ は初項 -13，公差 5 の等差数列．よって公式 1 より一般項は

$$a_n = -13 + (n-1)\cdot 5$$
$$= 5n - 18$$

漸化式は公差 5 より

$$a_{n+1} = a_n + 5$$

答　一般項 $a_n = 5n - 18$，漸化式 $a_{n+1} = a_n + 5$

§2　等比数列

> **問題4.**　次の数列の□に当てはまる数を入れ，漸化式を書き，一般項を求めなさい．
>
> $$3, 6, 12, \square, 48, \cdots$$

この数列のように隣りあう 2 項の比が等しい数列を<ruby>等比数列<rt>とうひすうれつ</rt></ruby>といい，その比を<ruby>公比<rt>こうひ</rt></ruby>といいます．

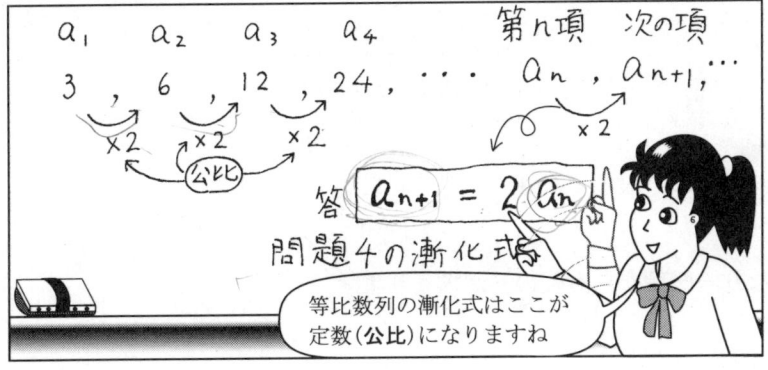

解 この数列は初項3，公比2の等比数列なので□（第4項 a_4）は次のようにして求まります．

$$a_4 = 2a_3$$
$$= 2 \cdot (12) = 24$$

答 □は24

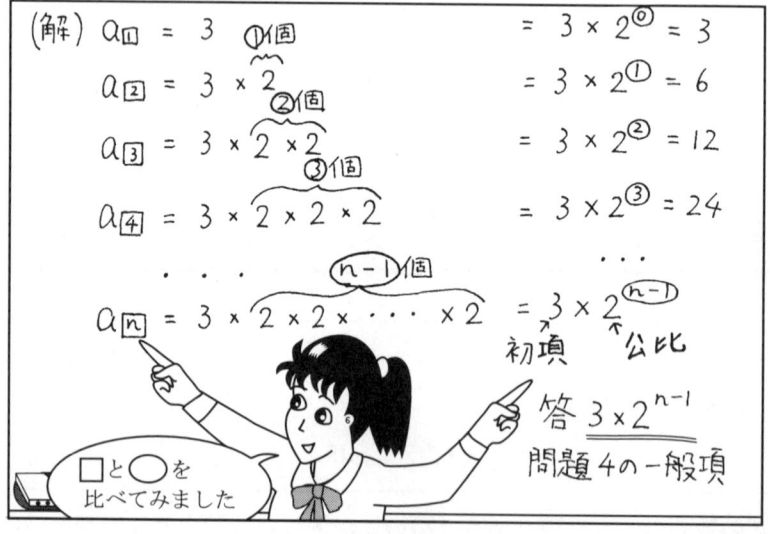

ここで初項を a，公比を r とすると，等比数列の一般項は次のようになります．

$$\boxed{\textbf{公式 2} \quad a_n = ar^{n-1}}$$

問題4の一般項 $a_n = 3 \times 2^{n-1}$ の n に4を代入すると

$$a_4 = 3 \times 2^{(4)-1} = 24$$

となり一般項からも□の答が求まります．

問題5. 数列 $\{a_n\}$ において $a_1 = -6$, $a_{n+1} = -3a_n$ のとき次の問に答えなさい.

(1) 初項から第4項までを書きなさい.

(2) 一般項を求めなさい.

(3) 第8項を計算しさない.

解 (1) $a_1 = -6$

$a_2 = -3a_1 = 18$

$a_3 = -3a_2 = -54$

$a_4 = -3a_3 = 162$

(2) この数列は初項 -6, 公比 -3 の等比数列なので, 一般項は公式2より

$$a_n = -6 \times (-3)^{n-1} \quad (\text{答})$$

(3) 一般項の n に8を代入すると

$$a_8 = -6(-3)^{8-1}$$
$$= -6 \times (-3)^7 = 13122 \quad (\text{答})$$

問題6. 等比数列 $\{a_n\}$ において $a_3 = 80$, $a_4 = 64$ のとき一般項を求め漸化式を書きなさい.

解 初項を a, 公比を r とすると公式2より

$$\begin{cases} a_3 = ar^2 = 80 & \text{①} \\ a_4 = ar^3 = 64 & \text{②} \end{cases}$$

連立方程式を解きます.

$$\frac{a_4}{a_3} = \frac{ar^3}{ar^2} = \frac{64}{80} \qquad \therefore \quad r = \frac{4}{5} \qquad \text{③}$$

③を①に代入

$$a\left(\frac{4}{5}\right)^2 = 80 \qquad \therefore \quad a = 80\left(\frac{5}{4}\right)^2 = 125$$

よって公式2より一般項は

$$a_n = 125 \cdot \left(\frac{4}{5}\right)^{n-1}$$

漸化式は公比 $\frac{4}{5}$ より

$$a_{n+1} = \frac{4}{5} a_n \quad \text{(答)}$$

練習問題

1. 次の等差数列の一般項を求め，漸化式を書きなさい．

$$-2, -\frac{7}{4}, -\frac{3}{2}, -\frac{5}{4}, \cdots$$

2. 数列 $\{a_n\}$ において $a_1 = 27$, $a_{n+1} = \frac{1}{3} a_n$ のとき次の問に答えなさい．

(1) 初項から第5項までを書きなさい．

(2) 一般項を求めなさい．

(3) 第8項を計算しなさい．

解答

1. 公差を求めるため第2項から第1項を引いてみます．

$$-\frac{7}{4}-(-2)=-\frac{7}{4}+\frac{8}{4}=\frac{1}{4}$$

よってこの等差数列は初項-2, 公差$\frac{1}{4}$なので, 公式1より一般項は

答　$a_n=-2+(n-1)\cdot\frac{1}{4}=\frac{1}{4}(n-9)$

漸化式は $a_{n+1}=a_n+\frac{1}{4}$

2.　(1)　$a_1=\underset{\sim\sim}{27}$

$a_2=\frac{1}{3}\,a_1=\underset{\sim\sim}{9}$

$a_3=\frac{1}{3}\,a_2=\underset{\sim\sim}{3}$

$a_4=\frac{1}{3}\,a_3=\underset{\sim\sim}{1}$

$a_5=\frac{1}{3}\,a_4=\underset{\sim\sim}{\frac{1}{3}}$

(2)　この数列は初項27, 公比$\frac{1}{3}$の等比数列なので公式2より一般
項は

$$a_n=27\left(\frac{1}{3}\right)^{n-1}\quad(\text{**答**})$$

(3)　一般項のnに8を代入すると

$$a_8=27\left(\frac{1}{3}\right)^{8-1}=\frac{1}{81}\quad(\text{**答**})$$

§3 等差数列の和

> **問題 7.** 表のように 10 円から始めて，毎日前の日より 10 円多い金額を積立てていくと，30 日後の積立金とその総額はいくらになるでしょうか.
>
> | 日 数 n | 1 | 2 | 3 | 4 | $\cdots$ | 30 |
> |---|---|---|---|---|---|---|
> | 積立金 a_n | 10 | 20 | 30 | 40 | $\cdots$ | a_{30} |
> | 総 額 S_n | 10 | 30 | 60 | 100 | $\cdots$ | S_{30} |

解 n 日目の積立金を a_n とすると数列 $\{a_n\}$ ができます. この数列は初項 10，公差 10 の等差数列なので公式 1 より一般項は

$a_n = 10 + (n-1) \cdot 10 = 10n$ となり，30 日後の積立金は

$a_{30} = 10 \cdot (30) = 300$ 円となります. **答** $a_{30} = 300$ 円

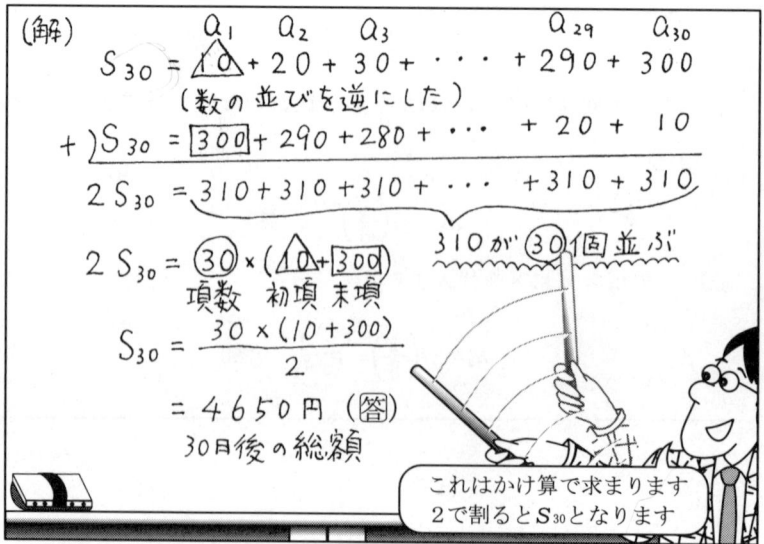

この等差数列の和 $S_{30} = a_1 + a_2 + \cdots + a_{30}$ を求めるには，S_{30} と S_{30} の数の並びを逆にしたものを加え合せます.

ここで初項を a_1，末項を a_n，項数を n とすると等差数列の初項から第 n 項までの和 S_n は次のようになります.

$$\boxed{\textbf{公式 3} \quad S_n = \frac{n(a_1 + a_n)}{2}}$$

末項 a_n が未知のときは公式1から求めます.

なお総額 S_n を並べたものも数列となりますが，和を数列として考えない時は添字 n を取って S で表します.

問題 8. 次を求めなさい.

(1) 1 から 1000 までの自然数の和 S

(2) 100 から 200 までの偶数の和 S

(3) 100 から 200 までの奇数の和 S

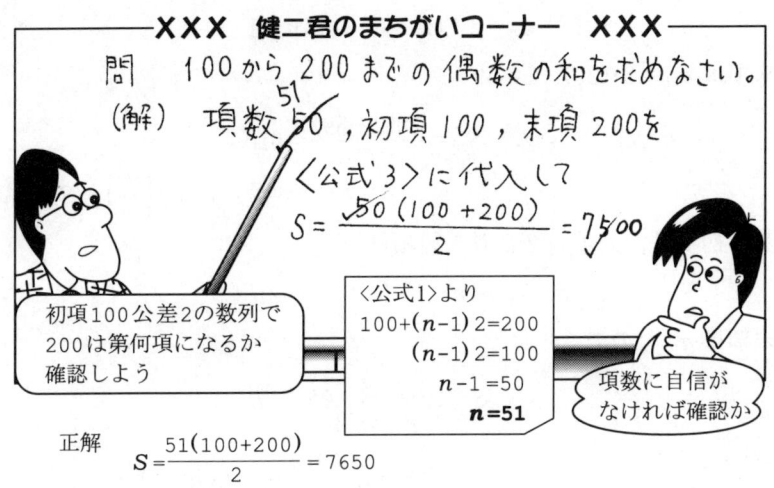

XXX 健二君のまちがいコーナー XXX

問 100 から 200 までの偶数の和を求めなさい。

(解) 項数 50（51），初項 100，末項 200 を
〈公式 3〉に代入して
$$S = \frac{50(100+200)}{2} = 7500$$

〈公式 1〉より
$100+(n-1)2=200$
$(n-1)2=100$
$n-1=50$
$\boldsymbol{n=51}$

初項100公差2の数列で200は第何項になるか確認しよう

項数に自信がなければ確認か

正解　$S = \dfrac{51(100+200)}{2} = 7650$

解 (1) 初項 1，末項 1000，項数 1000 より公式 3 に代入して

$$S = \frac{1000(1+1000)}{2} = 500500 \quad \text{(答)}$$

(2) 初項 100，末項 200，項数 51 より公式 3 に代入して

$$S = \frac{51(100+200)}{2} = 7650 \quad \text{(答)}$$

(3) 初項 101，末項 199，項数 50 より公式 3 に代入して

$$S = \frac{50(101+199)}{2} = 7500 \quad \text{(答)}$$

問題 9. 次の等差数列の一般項と（　）で指示される数列の和を求めなさい．

(1) $2, 5, 8, 11, \cdots$ （初項から第 20 項までの和 S_{20}）

(2) $7, 5, 3, 1, \cdots$ （初項から第 n 項までの和 S_n）

(3) $2, \dfrac{9}{4}, \dfrac{5}{2}, \dfrac{11}{4}, \cdots, 5$ （初項から末項までの和 S）

解 (1) 初項 2，公差 3 より一般項は

$$a_n = 2 + (n-1) \cdot 3 = 3n - 1$$

末項は $a_{20} = 3 \cdot (20) - 1 = 59$

$$\therefore \quad S_{20} = \frac{20(2+59)}{2} = 610$$

答 $a_n = 3n - 1, \quad S_{20} = 610$

(2) 初項 7，公差 -2 より一般項は

$$a_n = 7 + (n-1) \cdot (-2) = -2n + 9$$

末項は a_n なので

$$\therefore \quad S_n = \frac{n\{7 + (-2n+9)\}}{2}$$

$$= \frac{n(-2n+16)}{2} = -n(n-8)$$

$$\boxed{答} \quad a_n = -2n+9, \quad S_n = -n(n-8)$$

(3) 初項 2，公差 $\dfrac{1}{4}$ より一般項は

$$a_n = 2 + (n-1) \cdot \dfrac{1}{4} = \dfrac{1}{4}(n+7)$$

末項が 5 とわかっているので項数 n を求めると

$$\dfrac{1}{4}(n+7) = 5 \quad より \quad n = 13$$

$$\therefore \quad S = \dfrac{13(2+5)}{2} = \dfrac{91}{2}$$

$$\boxed{答} \quad a_n = \dfrac{1}{4}(n+7), \quad S = \dfrac{91}{2}$$

§4 等比数列の和

問題10. 表のように 10 円から始めて，毎日前の日の 3 倍の金額を積立てていくと，8 日後の積立金とその総額はいくらになるでしょうか.

日　数 n	1	2	3	4	$\cdots$	8
積立金 a_n	10	30	90	270	$\cdots$	a_8
総　額 S_n	10	40	130	400	$\cdots$	S_8

解 n 日目の積立金を a_n とすると数列 $\{a_n\}$ ができます．この数列は初項 10，公比 3 の等比数列なので公式 2 より一般項は

$a_n = 10 \cdot 3^{n-1}$ となり，8 日後の積立金は

$$a_8 = 10 \cdot 3^{(8)-1} = 21870 \ 円 となります.$$

この等比数列の和 S_8 を求めてみましょう．S_8 を 3（公比）倍すると，各項がそれぞれ次の項と等しくなります．これをもとの S_8 から引いてやります.

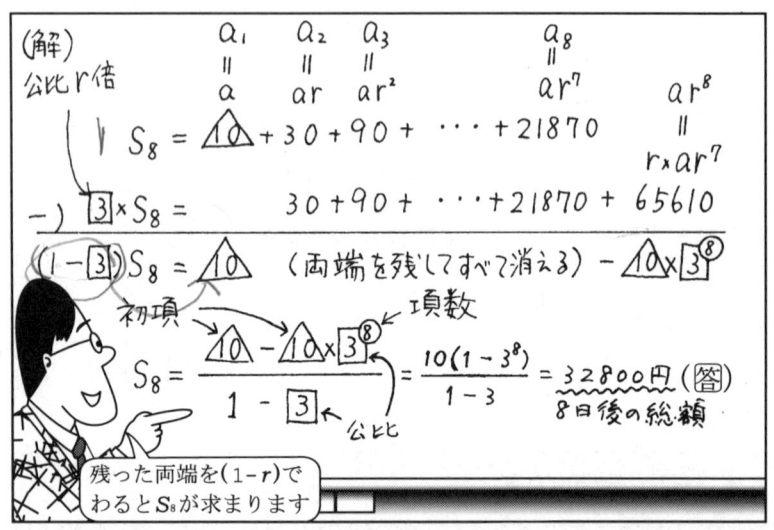

（解）公比 r 倍

$$
\begin{array}{cccc}
a_1 & a_2 & a_3 & a_8 \\
\| & \| & \| & \| \\
a & ar & ar^2 & ar^7 \quad ar^8
\end{array}
$$

$$S_8 = \boxed{10} + 30 + 90 + \cdots + 21870$$
$$ar^8 = r \times ar^7$$

$$-) \quad \boxed{3} \times S_8 = \qquad\quad 30 + 90 + \cdots + 21870 + 65610$$

$$(1 - \boxed{3}) S_8 = \boxed{10} \quad （両端を残してすべて消える）- \boxed{10} \times \boxed{3}^{⑧}$$

初項　項数

$$S_8 = \frac{\boxed{10} - \boxed{10} \times \boxed{3}^{⑧}}{1 - \boxed{3}} = \frac{10(1 - 3^8)}{1 - 3} = 32800\,円 （答）$$

8日後の総額

公比

残った両端を $(1-r)$ で
わると S_8 が求まります

　ここで初項を a，公比を r，項数を n とすると等比数列の初項から第 n 項までの和 S_n は次のようになります．

$$\boxed{\textbf{公式 4}\quad S_n = \dfrac{a(1 - r^n)}{1 - r}}$$

（ただし $r \neq 1$ とする）

問題 11.　次の等比数列の一般項と（　）で指示される数列の和を求めなさい．

(1)　$3, -3, 3, -3, \cdots$ （初項から第 10 項までの和 S_{10} 及び初項から第 11 項までの和 S_{11}）

(2)　$3, -6, 12, -24, \cdots$ （第 6 項から第 10 項までの和 S）

(3)　$3, 3, 3, 3, \cdots$ （初項から第 n 項までの和 S_n）

解　(1)　初項 3，公比 -1 より一般項は

$$a_n = 3 \cdot (-1)^{n-1}$$

よって公式 4 より

$$S_{10} = \frac{3\{1-(-1)^{10}\}}{1-(-1)} = \frac{3(1-1)}{2} = \underset{\sim}{0}$$

$$S_{11} = \frac{3\{1-(-1)^{11}\}}{1-(-1)} = \frac{3\{1-(-1)\}}{2} = \underset{\sim}{3} \quad (\text{答})$$

(2)　初項 3，公比 -2 より一般項は

$$a_n = 3 \cdot (-2)^{n-1}$$

第 6 項からの数列の和は次のように考えます.

$$\overbrace{(a_6 \text{ から } a_{10} \text{ の和})}^{S} = \overbrace{(a_1 \text{ から } a_{10} \text{ までの和})}^{S_{10}} - \overbrace{(a_1 \text{ から } a_5 \text{ までの和})}^{S_5}$$

$$S_{10} = \frac{3\{1-(-2)^{10}\}}{1-(-2)} = 1-(-2)^{10} = -1023$$

$$S_5 = \frac{3\{1-(-2)^5\}}{1-(-2)} = 1-(-2)^5 = 33$$

$$S = S_{10} - S_5 = -1023 - 33 = \underset{\sim}{-1056} \quad (\text{答})$$

(3)　初項 3，公比 1 より一般項は

$$a_n = 3 \cdot 1^{n-1} = 3$$

これはこの数列が n によらない定数 3 であることを示します.

数列の和は公比 $r=1$ より公式 4

$$S = \frac{a(1-r^n)}{1-r} \quad (r \neq 1)$$

の分母が 0 になるため使えません. 初項 3，公差 0 の等差数列の和と考えればできますが，もっと簡単に初項から n 項まで 3 を n 回加え合わせるのですから，その和は

$$\underset{\sim}{S = 3n} \quad (\text{答})$$

次の数列の一般項 a_n と初項から末項までの和 S を求めなさい.

1. $-2, -\dfrac{7}{4}, -\dfrac{3}{2}, -\dfrac{5}{4}, \cdots, 1$

2. $1, \dfrac{1}{2}, \dfrac{1}{4}, \dfrac{1}{8}, \cdots, \dfrac{1}{1024}$

解答

1. 初項 -2, 公差 $\dfrac{1}{4}$ の等差数列なので一般項は

$$a_n = -2 + (n-1)\cdot\frac{1}{4} = \frac{1}{4}(n-9) \quad (\text{答})$$

末項が 1 とわかっているので項数 n は

$$\frac{1}{4}(n-9) = 1$$

$$n - 9 = 4$$

$$\therefore \quad n = 13$$

よって公式 3 より

$$S = \frac{13(-2+1)}{2} = -\frac{13}{2} \quad (\text{答})$$

2. 初項 1, 公比 $\dfrac{1}{2}$ の等比数列なので一般項は

$$a_n = 1\cdot\left(\frac{1}{2}\right)^{n-1} = \left(\frac{1}{2}\right)^{n-1} \quad (\text{答})$$

末項 $\dfrac{1}{1024}$ より項数 n を求めると

$$\left(\frac{1}{2}\right)^{n-1} = \frac{1}{1024} = \left(\frac{1}{2}\right)^{10} \text{ より } n-1 = 10$$

$$\therefore \quad n = 11$$

よって公式 4 より

$$S = \frac{1\left\{1-\left(\frac{1}{2}\right)^{11}\right\}}{1-\frac{1}{2}} = 2\left\{1-\left(\frac{1}{2}\right)^{11}\right\} = 2 - \left(\frac{1}{2}\right)^{10} = 2 - \frac{1}{1024}$$

$$= \frac{2047}{1024} \quad (\text{答})$$

数列 $a_1, a_2, a_3, \cdots, a_n$ の初項から第 n 項までの和

$$a_1 + a_2 + a_3 + \cdots + a_n \qquad を$$

$$\sum_{k=1}^{n} a_k \qquad と簡潔に表します.$$

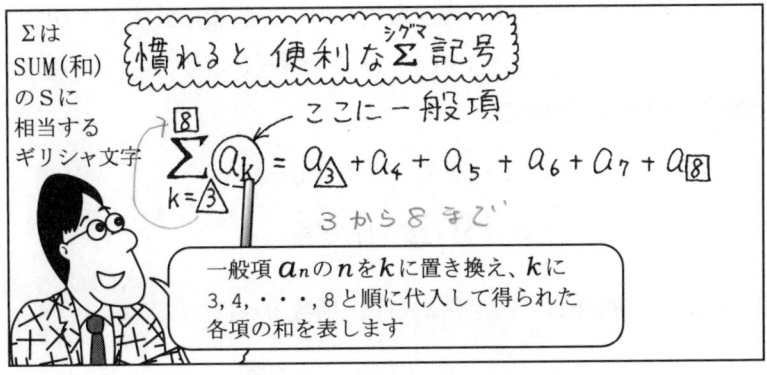

∑は
SUM(和)
のSに
相当する
ギリシャ文字

慣れると　便利な $\overset{シグマ}{\Sigma}$ 記号

ここに一般項

$$\sum_{k=\boxed{3}}^{\boxed{8}} \textcircled{a_k} = a_{\textcircled{3}} + a_4 + a_5 + a_6 + a_7 + a_{\boxed{8}}$$

3 から 8 まで

一般項 a_n の n を k に置き換え, k に
3, 4, ・・・, 8 と順に代入して得られた
各項の和を表します

問題12. 次の数列の和を ∑ を使わないで書きなさい.

(1) $\displaystyle\sum_{k=1}^{7} 3k$　　　(2) $\displaystyle\sum_{k=1}^{5} k(k+1)$　　　(3) $\displaystyle\sum_{k=3}^{7} (k-2)(k-1)$

(4) $\displaystyle\sum_{k=1}^{n-1} \frac{1}{2^k}$

答　(1)　$3\cdot1 + 3\cdot2 + 3\cdot3 + 3\cdot4 + 3\cdot5 + 3\cdot6 + 3\cdot7$

(2)　$1\cdot2 + 2\cdot3 + 3\cdot4 + 4\cdot5 + 5\cdot6$

(3)　$1\cdot2 + 2\cdot3 + 3\cdot4 + 4\cdot5 + 5\cdot6$

　(2), (3)は結果は等しくなりますが, 表す意味が異なります.

(4) $\dfrac{1}{2^1}+\dfrac{1}{2^2}+\dfrac{1}{2^3}+\cdots+\dfrac{1}{2^{n-1}}$

問題 13.   次の和を $\sum$ を用いて表しなさい.

  (1) $1+3+5+7+\cdots+21$

  (2) $1^2+3^2+5^2+7^2+\cdots+21^2$

  (3) $3+3\cdot2+3\cdot2^2+3\cdot2^3+\cdots+3\cdot2^{13}$

解 (1)   初項 1，公差 2 の等差数列なので一般項は公式 1 より

$$a_n=1+(n-1)\cdot2=2n-1$$

項数は末項が 21 なので

$$2n-1=21 \quad より \quad n=11$$

$$\therefore \quad \sum_{k=1}^{11}(2k-1) \quad (答)$$

(2) (1)より一般項は $a_n=(2n-1)^2$，項数 $n=11$

$$\therefore \quad \sum_{k=1}^{11}(2k-1)^2 \quad (答)$$

(3)   初項 3，公比 2 の等比数列なので一般項は公式 2 より $a_n=3\cdot2^{n-1}$

項数は $n-1=13$ より $n=14$

$$\therefore \quad \sum_{k=1}^{14}3\cdot2^{k-1} \quad (答)$$

‼ ポイントコーナー Σ の性質について

$$\sum_{k=1}^{4}\left(k+\frac{1}{k}\right)=\left(1+\frac{1}{1}\right)+\left(2+\frac{1}{2}\right)+\left(3+\frac{1}{3}\right)+\left(4+\frac{1}{4}\right)$$

$$=(1+2+3+4)+\left(\frac{1}{1}+\frac{1}{2}+\frac{1}{3}+\frac{1}{4}\right)$$

$$=\sum_{k=1}^{4}k+\sum_{k=1}^{4}\frac{1}{k}$$

$$\therefore \quad \boxed{\sum_{k=1}^{n}(a_k+b_k)=\sum_{k=1}^{n}a_k+\sum_{k=1}^{n}b_k} \quad (\Sigma \text{ の分配法則})$$

$$\sum_{k=1}^{4}(3k^2)=3\cdot1^2+3\cdot2^2+3\cdot3^2+3\cdot4^2$$

$$=3(1^2+2^2+3^2+4^2)$$

$$=3\sum_{k=1}^{4}k^2$$

$$\therefore \quad \boxed{\sum_{k=1}^{n}Ca_k=C\sum_{k=1}^{n}a_k} \quad (\text{定数 } C \text{ は } \Sigma \text{ の外へ})$$

項数

$$\sum_{k=1}^{5}3=\underbrace{3+3+3+3+3}_{\text{初項から第5項まですべて3}}=3\times5$$

$$\therefore \quad \boxed{\sum_{k=1}^{n}C=Cn} \quad (\text{定数 } C \text{ の } \Sigma \text{ は項数倍})$$

それぞれ重要な
性質です
あとでたっぷり
使うので覚えて
おこう！

問題 14. 次の和を求めなさい.

   (1) $\displaystyle\sum_{k=1}^{n} 1$ (2) $\displaystyle\sum_{k=1}^{n} k$ (3) $\displaystyle\sum_{k=1}^{n} k^2$ (4) $\displaystyle\sum_{k=1}^{n} k^3$

解 (1) $\displaystyle\sum_{k=1}^{n} 1 = \underbrace{1+1+1+\cdots+1}_{n\,\text{個}} = n$

$$\therefore\quad \boxed{\sum_{k=1}^{n} 1 = n}$$

                 答 n

(2) $\displaystyle\sum_{k=1}^{n} k = 1+2+3+\cdots+n$

初項 1, 公差 1 の等差数列なのでその和は公式 3 より

      項数　末項　初項

答 $\dfrac{n(n+1)}{2}$ $\therefore$ $\boxed{\displaystyle\sum_{k=1}^{n} k = \dfrac{n(n+1)}{2}}$

(3) $\displaystyle\sum_{k=1}^{n} k^2 = 1^2 + 2^2 + 3^2 + \cdots + n^2$

これは

$$(k+1)^3 = k^3 + 3k^2 + 3k + 1$$

を利用して求めます.

変形すると

$$(k+1)^3 - k^3 = 3k^2 + 3k + 1$$

$k=1$ のとき	$2^3 - 1^3 = 3\cdot \boxed{1^2} + 3\cdot \boxed{1} + 1$
$k=2$ のとき	$3^3 - 2^3 = 3\cdot 2^2 + 3\cdot 2 + 1$
$k=3$ のとき	$4^3 - 3^3 = 3\cdot 3^2 + 3\cdot 3 + 1$
$k=4$ のとき	$5^3 - 4^3 = 3\cdot 4^2 + 3\cdot 4 + 1$
$\cdots$	$\cdots$
$+)\ \ k=n$ のとき	$(n+1)^3 - n^3 = 3\cdot n^2 + 3\cdot n + 1$

$$(n+1)^3 - 1^3 = 3\sum_{k=1}^{n} k^2 + 3\sum_{k=1}^{n} k + n$$

移項して

$$(n+1)^3-3\sum_{k=1}^{n}k-n-1^3=3\sum_{k=1}^{n}k^2$$

左辺と右辺を入れ替えて

$$3\sum_{k=1}^{n}k^2=(n+1)^3-3\sum_{k=1}^{n}k-n-1$$

$$=(n+1)^3-3\cdot\frac{n(n+1)}{2}-(n+1)$$

$$=\frac{1}{2}(n+1)\{2(n+1)^2-3n-2\}$$

$$=\frac{1}{2}(n+1)(2n^2+n)$$

$$\therefore\quad \boxed{\sum_{k=1}^{n}k^2=\frac{1}{6}n(n+1)(2n+1)}\quad (\text{答})$$

(4) $\displaystyle\sum_{k=1}^{n}k^3=1^3+2^3+3^3+\cdots+n^3$

これは

$$(k+1)^4=k^4+4k^3+6k^2+4k+1$$

を利用して求めます.

変形すると

$$(k+1)^4-k^4=4k^3+6k^2+4k+1$$

$k=1$ のとき $\quad 2^4-1^4=4\cdot 1^3+6\cdot 1^2+4\cdot 1+1$

$k=2$ のとき $\quad 3^4-2^4=4\cdot 2^3+6\cdot 2^2+4\cdot 2+1$

$k=3$ のとき $\quad 4^4-3^4=4\cdot 3^3+6\cdot 3^2+4\cdot 3+1$

$k=4$ のとき $\quad 5^4-4^4=4\cdot 4^3+6\cdot 4^2+4\cdot 4+1$

$\cdots$

$+)$ $k=n$ のとき $\quad (n+1)^4-n^4=4\cdot n^3+6\cdot n^2+4\cdot n+1$

$$(n+1)^4-1^4=4\sum_{k=1}^{n}k^3+6\sum_{k=1}^{n}k^2+4\sum_{k=1}^{n}k+n$$

移項して

$$(n+1)^4-6\sum_{k=1}^{n}k^2-4\sum_{k=1}^{n}k-n-1^4=4\sum_{k=1}^{n}k^3$$

左辺と右辺を入れ替えて

$$\begin{aligned}4\sum_{k=1}^{n}k^3&=(n+1)^4-6\sum_{k=1}^{n}k^2-4\sum_{k=1}^{n}k-n-1\\&=(n+1)^4-6\cdot\frac{1}{6}\,n(n+1)(2n+1)-4\cdot\frac{1}{2}\,n(n+1)-n-1\\&=(n+1)\{(n+1)^3-n(2n+1)-2n-1\}\\&=(n+1)\{(n+1)^3-(2n+1)(n+1)\}\\&=(n+1)^2\{(n+1)^2-(2n+1)\}\\&=n^2(n+1)^2\end{aligned}$$

$$\boxed{\sum_{k=1}^{n}k^3=\frac{1}{4}n^2(n+1)^2=\left\{\frac{1}{2}n(n+1)\right\}^2}\quad \text{答}$$

同様にして

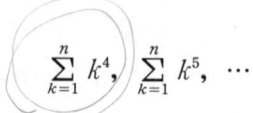

$$\sum_{k=1}^{n}k^4,\ \sum_{k=1}^{n}k^5,\ \cdots$$

も計算できます.

問題 15. 次の数列の一般項と（ ）で指示される数列の和を求めなさい.

(1) $1^2,\ 3^2,\ 5^2,\ 7^2,\ \cdots$

（初項から第 n 項までの和 S_n）

(2) $1,\ 1+2,\ 1+2+3,\ 1+2+3+4,\ \cdots,\ 1+2+3+\cdots+n$

（初項から末項までの和 S）

(3) $1,\ 11,\ 111,\ 1111,\ \cdots$

（初項から第 n 項までの和 S_n）

解 (1)　一般項は $a_n = (2n-1)^2$

$$S_n = \sum_{k=1}^{n}(2k-1)^2 = \sum_{k=1}^{n}(4k^2-4k+1) = 4\sum_{k=1}^{n}k^2 - 4\sum_{k=1}^{n}k + \sum_{k=1}^{n}1$$

$$= 4\cdot\frac{1}{6}n(n+1)(2n+1) - 4\cdot\frac{1}{2}n(n+1) + n$$

$$= \frac{1}{3}n\{2(n+1)(2n+1) - 6(n+1) + 3\}$$

$$= \frac{1}{3}n\{2(n+1)(2n+1) - 3(2n+1)\}$$

$$= \frac{1}{3}n(2n-1)(2n+1)　(答)$$

(2)　一般項がすでに初項 1，公差 1 の等差数列の和となっているので

$$a_n = \sum_{k=1}^{n}k = \frac{1}{2}n(n+1)　(問題 14 \text{ の}(2))$$

$$S_n = \sum_{k=1}^{n}\frac{1}{2}k(k+1) = \frac{1}{2}\sum_{k=1}^{n}(k^2+k) = \frac{1}{2}\left(\sum_{k=1}^{n}k^2 + \sum_{k=1}^{n}k\right)$$

$$= \frac{1}{2}\left\{\frac{1}{6}n(n+1)(2n+1) + \frac{1}{2}n(n+1)\right\}$$

$$= \frac{1}{12}n(n+1)(2n+1+3) = \frac{1}{6}n(n+1)(n+2)　(答)$$

(3)　一般項がすでに初項 1，公比 10 の等比数列の和となっているので

$$a_n = 1 + 10^1 + 10^2 + \cdots + 10^n = \sum_{k=1}^{n}1\cdot10^{k-1} = \frac{1(1-10^n)}{1-10}$$

$$= \frac{1}{9}(10^n - 1)$$

$$S_n = \sum_{k=1}^{n}\frac{1}{9}(10^k - 1) = \frac{1}{9}\left(\sum_{k=1}^{n}10^k - \sum_{k=1}^{n}1\right)$$

$$= \frac{1}{9}\left\{\frac{10(1-10^n)}{1-10} - n\right\} = \frac{1}{9}\left(\frac{10^{n+1}-10}{9} - \frac{9n}{9}\right)$$

$$= \frac{1}{81}(10^{n+1} - 9n - 10)　(答)$$

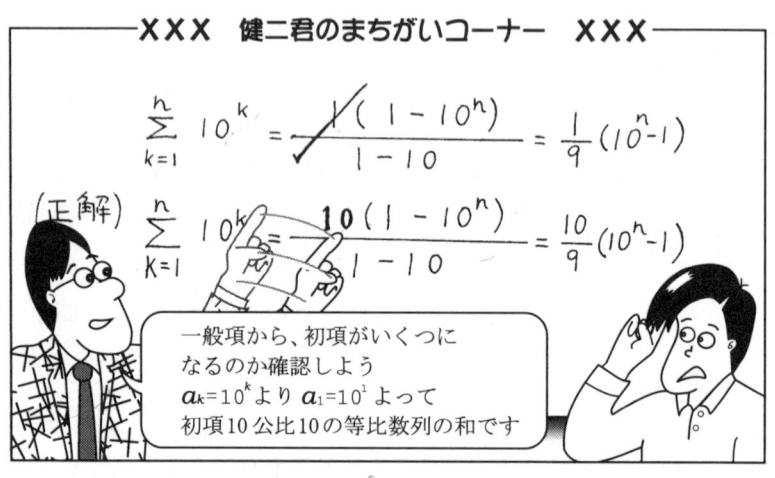

$$\sum_{k=1}^{n} 10^k = \frac{1(1-10^n)}{1-10} = \frac{1}{9}(10^n-1)$$

(正解) $$\sum_{k=1}^{n} 10^k = \frac{10(1-10^n)}{1-10} = \frac{10}{9}(10^n-1)$$

一般項から、初項がいくつに
なるのか確認しよう
$a_k=10^k$ より $a_1=10^1$ よって
初項10 公比10 の等比数列の和です

同様に $\begin{cases} \displaystyle\sum_{k=1}^{n} 10^{k+1} = \frac{100(1-10^n)}{1-10} = \frac{100}{9}(10^n-1) \quad \text{初項 } 100 \\[3mm] \displaystyle\sum_{k=1}^{n} 10^{k-1} = \frac{1(1-10^n)}{1-10} = \frac{1}{9}(10^n-1) \quad \text{初項 } 1 \\[3mm] \displaystyle\sum_{k=1}^{n} 10^{k-2} = \frac{\frac{1}{10}(1-10^n)}{1-10} = \frac{1}{90}(10^n-1) \quad \text{初項 } \frac{1}{10} \end{cases}$

§6 階差数列

問題16. 次の数列の□に当てはまる数を入れ，漸化式を書き，一般項を求めなさい．

3, 4, 8, 15, 25, □, 54, …

この数列は等差数列でも等比数列でもありません．このような数列の規則をみつけるのに，隣りあう2項の差をとる方法があります．

このようにしてできた新たな数列 $\{b_n\}$ をもとの数列 $\{a_n\}$ の**階差数列**といいます.

もとの数列 $\{a_n\}$
$a_1,\ a_2,\ a_3,\ a_4,\ a_5,\ a_6,\ a_7,\ \cdots\ a_n,\ a_{n+1},\cdots$
$3,\ 4,\ 8,\ 15,\ 25,\ \square,\ 54,\ \cdots$
$1,\ 4,\ 7,\ 10,\ 13,\ 16,\ \cdots$
$b_1,\ b_2,\ b_3,\ b_4,\ b_5,\ b_6,\ \cdots\quad,\ b_n,\ \cdots$
階差数列 $\{b_n\}$

階差 $b_n = a_{n+1} - a_n$
変形して $a_{n+1} = a_n + b_n$

b_n がわかればこれはもとの数列 $\{a_n\}$ の**漸化式**となります

解 $\{b_n\}$ は初項 1,公差 3 の等差数列なので一般項は

$$b_n = 1 + (n-1)\cdot 3 = 3n - 2$$

よってもとの数列 $\{a_n\}$ の漸化式は

$$a_{n+1} = a_n + (3n - 2)$$

$\square$ は漸化式の n に 5 を代入して

$$a_6 = a_5 + 3\cdot(5) - 2 = 25 + 13 = \underline{38}\quad (\text{答})$$

次に $\{a_n\}$ の一般項 a_n を求めてみましょう.

一般項 a_n は初項 a_1 と階差数列 $\{b_n\}$ の初項から第 $n-1$ 項までの和で求まります.

公式5 $\quad a_n = a_1 + \sum\limits_{k=1}^{k-1} b_k$

$b_n = 3n - 2$ を代入すると，一般項 a_n は公式5より

$$a_n = 3 + \sum_{k=1}^{n-1}(3k-2) = 3 + 3\sum_{k=1}^{n-1}k - \sum_{k=1}^{n-1}2$$

$$= 3 + 3 \cdot \frac{1}{2}(n-1)n - 2(n-1)$$

$$= \frac{1}{2}(6 + 3n^2 - 3n - 4n + 4)$$

$$= \frac{1}{2}(3n^2 - 7n + 10) \quad \text{(答)}$$

問題**17.** 次の数列の漸化式を書き，□にあてはまる数を入れ，一

般項を求めなさい．

(1) $3, 4, 8, 17, 33, \square, 94, \cdots$

(2) $2, 3, 6, 15, 42, \square, 366, \cdots$

解 (1) 数列の規則を知るため階差をとります．

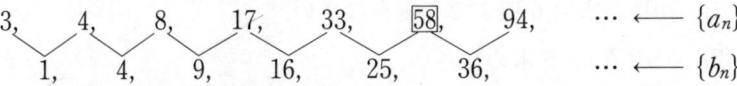

階差数列 $\{b_n\}$ の一般項は $b_n = n^2$

よって漸化式は $a_{n+1} = a_n + n^2$

第6項は $a_6 = a_5 + 5^2 = 33 + 25 = 58$

もとの数列 $\{a_n\}$ の一般項は

$$a_n = 3 + \sum_{k=1}^{n-1} b^2 = 3 + \frac{1}{6}(n-1)n(2n-1) = \frac{1}{6}\{18 + n(2n^2 - 3n + 1)\}$$

$$= \frac{1}{6}(2n^3 - 3n^2 + n + 18) \quad (\text{答})$$

※ $\boxed{n-1}$

$\frac{1}{6} \textcircled{n}(\textcircled{n}+1)(2\textcircled{n}+1) \implies \frac{1}{6} (\boxed{(n-1)})(\boxed{(n-1)}+1)\{2(\boxed{(n-1)})+1\}$

(2) 階差をとると

$2, \quad 3, \quad 6, \quad 15, \quad 42, \quad \boxed{123}, \quad 366, \quad \cdots \longleftarrow \{a_n\}$

$\quad 1, \quad 3, \quad 9, \quad 27, \quad 81, \quad 243, \quad \cdots \longleftarrow \{b_n\}$

$\{b_n\}$ は初項1，公比3の等比数列なので，一般項 $b_n = 1 \cdot 3^{n-1} = 3^{n-1}$

よって漸化式は $a_{n+1} = a_n + 3^{n-1}$

第6項は $a_6 = a_5 + 3^{5-1} = 42 + 81 = 123$

$\{a_n\}$ の一般項は

$$a_n = 2 + \sum_{k=1}^{n-1} 1 \cdot 3^{k-1} = 2 + \frac{1(1-3^{n-1})}{1-3}$$

$$= 2 + \frac{1}{2}(3^{n-1}-1) = \frac{1}{2}(3^{n-1}+3) \quad \text{(答)}$$

問題 18. 数列 $\{a_n\}$ において $a_1 = 2$, $a_{n+1} = 2a_n - 3$ のとき次の問に答えなさい.

(1) 初項から第6項までを書きなさい.

(2) 一般項 a_n を求めなさい.

(3) 第10項を求めなさい.

解 (1) $a_1 = \underset{\sim}{2}$
$$\downarrow$$
$$a_2 = 2a_1 - 3 = \underset{\sim}{1}$$

$$a_3 = 2a_2 - 3 = \underset{\sim}{-1}$$

$$a_4 = 2a_3 - 3 = \underset{\sim}{-5}$$

$$a_5 = 2a_4 - 3 = \underset{\sim}{-13}$$

$$a_6 = 2a_5 - 3 = \underset{\sim}{-29}$$

(2) この数列は等差数列でも等比数列でもありません. このような漸化式を解く場合も階差をとる方法が有効です.

$$a_{n+2} = 2a_{n+1} - 3 \qquad \longleftarrow \text{項の番号を1つ上げた}$$
$$-)\qquad a_{n+1} = 2a_n - 3 \qquad \longleftarrow \text{数列 } \{a_n\} \text{ の漸化式}$$
$$\underbrace{a_{n+2} - a_{n+1}}_{b_{n+1}} = 2\underbrace{(a_{n+1} - a_n)}_{b_n} \qquad \longleftarrow \text{定数項 } (-3) \text{ が消去できた.}$$
$$\qquad\qquad\qquad\qquad\qquad = 2 \qquad\qquad \longleftarrow \text{階差数列 } \{b_n\} \text{ の漸化式}$$

$$b_1 = a_2 - a_1 = 1 - 2 = -1$$

よって $\{b_n\}$ は初項 -1，公比 2 の等比数列より，一般項は

$$b_n = -1 \cdot 2^{n-1}$$

$\{a_n\}$ の一般項は公式 5 より

$$a_n = 2 + \sum_{k=1}^{n-1}(-1 \cdot 2^{k-1}) = 2 + \frac{-1(1-2^{n-1})}{1-2}$$

$$= 2 + (1 - 2^{n-1}) = 3 - 2^{n-1} \quad \text{（答）}$$

(3) 一般項の n に 10 を代入して

$$a_{10} = 3 - 2^{(10)-1} = -509 \quad \text{（答）}$$

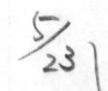

━━━ 練習問題 ━━━

1. 次の数列の一般項 a_n と，初項から末項までの和 S を求めよ．

$$1 \cdot 1 \cdot 4, \ 2 \cdot 3 \cdot 7, \ 3 \cdot 5 \cdot 10, \ 4 \cdot 7 \cdot 13, \ \cdots, \ 8 \cdot 15 \cdot 25$$

2. 数列 $\{a_n\}$ において $a_1 = -16$，$a_{n+1} = \dfrac{1}{2}a_n + 6$ のとき次の問に答えなさい．

(1) 初項から第 6 項までを書きなさい．

(2) 一般項 a_n を求めなさい．

(3) 第 20 項を求めなさい．

[解答]

1. 3 つの項（左，中，右）のそれぞれが等差数列となっており，それぞれの一般項をかけ合わせたものがこの数列の一般項

$$a_n = n(2n-1)(3n+1)$$

項数は左の項 n に注目すると末項では $n = 8$

$$S_n = \sum_{k=1}^{8} k(2k-1)(3k+1) = \sum_{k=1}^{8} (6k^3 - k^2 - k)$$

$$= 6\sum_{k=1}^{8} k^3 - \sum_{k=1}^{8} k^2 - \sum_{k=1}^{8} k$$

$$= 6 \cdot \frac{1}{4} \cdot 8^2(8+1)^2 - \frac{1}{6} \cdot 8(8+1)(2 \cdot 8+1) - \frac{1}{2} \cdot 8(8+1)$$

$$= 7776 - 204 - 36 = 7536 \quad (答)$$

2. (1)　$a_1 = -16$

　　　　$\downarrow$

　　　$a_2 = \dfrac{1}{2} a_1 + 6 = -2$

　　　$a_3 = \dfrac{1}{2} a_2 + 6 = 5$

　　　$a_4 = \dfrac{1}{2} a_3 + 6 = 8.5$

　　　$a_5 = \dfrac{1}{2} a_4 + 6 = 10.25$

　　　$a_6 = \dfrac{1}{2} a_5 + 6 = 11.125$

(2)　定数項を消すために階差をとります.

$$a_{n+2} = \frac{1}{2} a_{n+1} + 6$$

$$-\underline{)\ a_{n+1} = \frac{1}{2} a_n \ \ + 6}$$

$$a_{n+2} - a_{n+1} = \frac{1}{2} (a_{n+1} - a_n)$$

$$\underbrace{\phantom{a_{n+2} - a_{n+1}}}_{b_{n+1}} = \frac{1}{2} \underbrace{\phantom{(a_{n+1} - a_n)}}_{b_n} \quad \longleftarrow 階差数列 \{b_n\} の漸化式$$

$b_1 = a_2 - a_1 = -2 - (-16) = 14$　よって $\{b_n\}$ は初項 14, 公比 $\dfrac{1}{2}$ の等比
数列.

一般項は　$b_n = 14\left(\dfrac{1}{2}\right)^{n-1}$

$\{a_n\}$ の一般項は公式 5 より

$$a_n = -16 + \sum_{k=1}^{n-1} 14\left(\frac{1}{2}\right)^{k-1} = -16 + \frac{14\left\{1-\left(\frac{1}{2}\right)^{n-1}\right\}}{1-\frac{1}{2}}$$

$$= -16 + 28\left\{1-\left(\frac{1}{2}\right)^{n-1}\right\}$$

$$= 12 - 28\left(\frac{1}{2}\right)^{n-1} \quad (\text{答})$$

(3)　$a_{20} = 12 - 28\left(\dfrac{1}{2}\right)^{(20)-1} = 12 - 28\left(\dfrac{1}{2}\right)^{19}$ （答）

　これがどのくらいの数になるか，有効数字 10 桁表示（11 桁を四捨五入）のポケコンで計算すると 11.99994659 となり，かなり 12 に近い数字であることがわかります．

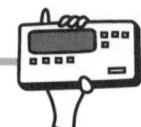

$$a_n = 12 - 28 \cdot \left(\left(\frac{1}{2}\right)^{n-1}\right)$$

n を大きくしていくとここが0に
近づくので a_n は12に近づいていきます
そのようすをポケコンで確かめてみましょう
プログラム実行後スペースキーを押すごと
に次々と数列が表示されます

● 漸化式から数列を求めるプログラム

10　N＝1	…… 項番号の初期値を代入する
20　A＝−16	…… 初項を代入する
30　PRINT "A" ;N;"=";A	…… 項番号と数列を表示する
40　N＝N＋1	…… 項番号を1つ増加させる
50　A＝A/2＋6	…… 漸化式から次の項を計算する
60　Z$＝INKEY$	
70　IF Z$＜＞ CHR$(&H20) THEN60	

$\left(\begin{array}{l} 60行70行で, スペースキー (キャラクターコード 16 進で 20H) \\ が押されるまで次の表示を待たせている. \end{array}\right)$

80　GOTO30　　　　　　　　　…… 次の表示へ飛ぶ

※　コンピュータは一般項から数列を求めるのはもちろんですが, このように初項と漸化式から次々と数列を作り出すような繰り返し演算と大変に相性が良いのです.

　なおプログラムを実行すると第30項を越えたころからポケコンの表示は12となってしまいますが, これはポケコンの表示が有効数字10桁表示であり, それ以降を四捨五入しているからであって, 実際には n をどんなに大きくしても, 限りなく12には近付きますが, 決して12にはなりません.

TOPICS

楕円を重ねていくと……?

　平面上に楕円を1つ書くことにより，その平面は楕円の内側と外側の2つの領域に分割されます。この楕円に2点で交わるようにもう1つ楕円を書くと4つの領域に分割されます。同様の繰り返しで，どの楕円とも必ず2点で交わり，かつ，すでにある交点を通らないように楕円を書き加えていくと，10個の楕円によって平面はいくつの領域に分割されるでしょうか。

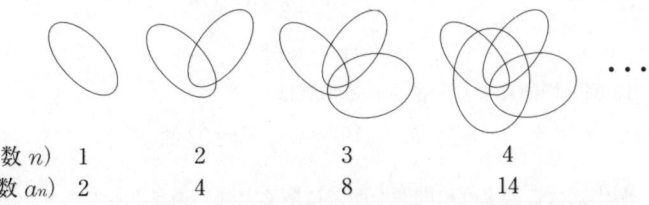

（楕円の数 n）　　　1　　　　　2　　　　　3　　　　　4　　　　　　・・・
（領域の数 a_n）　　　2　　　　　4　　　　　8　　　　14

　n 個の楕円により分割される領域の数を a_n とすると数列 $\{a_n\}$ ができます。

$$\{a_n\} = (2, 4, 8, 14, \cdots)$$

　このように最初の何項かを実際に数えて一般項をみつける方法もありますが，この例のようにものが複雑になると法則がみつかるまで個数を数えあげることが容易ではありません。また実際に数えていない項は，それ以前の項からみつけた法則に必ずしも従うといった保障はありません。このような場合

$$\left[\begin{array}{l}\text{楕円 } n \text{ 個でできた領域数 } a_n \text{ がわかっているものとして楕円 } n+1 \text{ 個}\\\text{でできた領域数 } a_{n+1} \text{ を求める。}\end{array}\right]$$

といった漸化式の考え方を用いると，次のようにすっきりと解けます。

　n 個の楕円がすでに書かれているとして，さらにもう一つ楕円を書き加えるとき，この $n+1$ 番目の楕円はすでに書かれている楕円によって円周

を $2n$ 個の区間に分割されます．各区間に対応して領域が1つずつ増加するので，領域は以前より $2n$ 個増加します．これを漸化式で表すと次のようになります．

$$a_{n+1}=a_n+2n \quad ただし \quad a_1=2$$

この漸化式を解いてみましょう．

変形すると $a_{n+1}-a_n=2n$，これは階差数列 $b_n=2n$ を表します．

よって公式5より

$$a_n=a_1+\sum_{k=1}^{n-1}b_k$$

$$=2+\sum_{k=1}^{n-1}2k$$

$$=2+2\cdot\frac{1}{2}(n-1)n$$

$$=n^2-n+2$$

10個の楕円により分割される領域は

$$a_{10}=(10)^2-(10)+2=92 個$$

漸化式はこのように問題を明快に解く力強い道具となります．

第4章 確率

この章では確率に必要な言葉や
確率の求め方について説明します
確率は偶然を取り扱う数学です

nPr　nCr　n！

§1　確率の基本

　サイコロを投げたとき，3の目が出る確率は次のように求めます．

　サイコロの目は1〜6の6個ありますから，サイコロを投げたときの，目の出方は全部で6通りあります．なお，どの目が出るかは同じ程度に期待できるとします．

　その中で，3の目が出るのは1通りあります．

　よって3の目が出る確率は $\dfrac{1}{6}$ です．

　一般に「サイコロを投げる」のように，繰り返し行うことができ，その結果が全くの偶然に左右される操作を「**試行**」といいます．また，「サイコロの目が3になる」のように，試行の結果起こることがらを「**事象**」といいます．

　ある試行の結果，A という事象が起こる確率は次式のように求めます．

$$\text{事象 } A \text{ が起こる確率} = \frac{A \text{ という事象が起こる場合の数}}{\text{試行の結果起こりうる全ての場合の数}}$$

(例)　A〜C の 3枚のカードを良く
　　切って 並べたとき A と C のカード
　　が となり合う
。「試行」は 3枚のカードを良く切って
　　　　　　並べること
。「事象」は A と C のカードが となり合うこと

| A | C | B |

例をあげるから
自分でもいろいろ
考えてみてください

問題1.　以下の 3 つの問に答えなさい.

(1)　サイコロを 1 個投げたとき奇数の目が出る確率を求めなさい.

(2)　上の(1)において試行は何か.

(3)　上の(1)において事象は何か.

解　まず，1 個のサイコロを投げたとき，起こりうる全ての場合の数は 6 通りあります．次に奇数の目が出る場合の数は 1 の目，3 の目，5 の目の 3 通りあります．よって求める確率は $\dfrac{3}{6}=\dfrac{1}{2}$

(2)　(1)において，試行は，1 個のサイコロを投げること.

(3)　(1)において，事象は，奇数の目が出ること.

ある試みを行なった (試行)結果
A という事がらが 起こる確率を求めるには
① ある試みの結果, 起こりうる 全ての
　　場合の 数を数える
② 次に A という 事象が起こる場合の数を数える
③ 最後に
　　確率 = $\dfrac{\text{② A という事象が起こる場合の数}}{\text{① 起こりうる全ての場合の数}}$
　　　の式で確率を求めます

①②③の順で
求めればよいのです

問題 2. 2個の 10 円玉を同時に投げるとき，2枚とも表になる確率を求めなさい．

解 まず，2個の 10 円玉を投げたとき，起こりうる全ての場合を表にしてみます．

10 円玉 1	10 円玉 2
表	裏
裏	表
表	表
裏	裏

2枚の 10 円玉を区別するために，一方の 10 円玉を 10 円玉 1，もう一方を 10 円玉 2 としました．左の表から起こりうる全ての場合は 4 通りあります．そのうち 2 枚とも表になる場合は 1 通りです．よって求める確率は $\frac{1}{4}$ です．

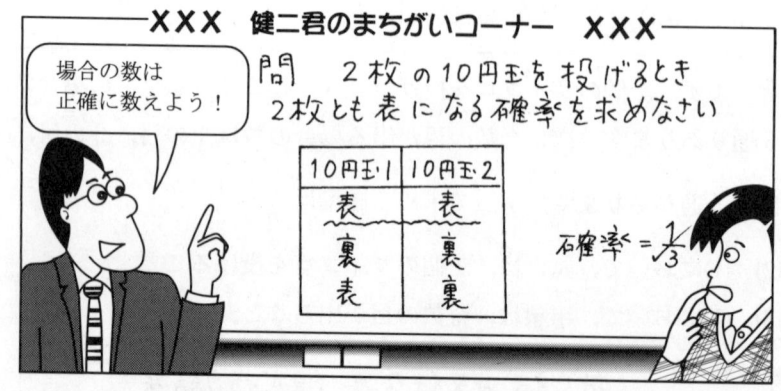

TOPICS

サイコロを 6 回投げれば 3 は出る？

実はサイコロを投げたとき 3 の目が出る確率が $\frac{1}{6}$ であるというのは，実際にサイコロを 6 回投げたら 1 回は 3 の目が出るということではありません．

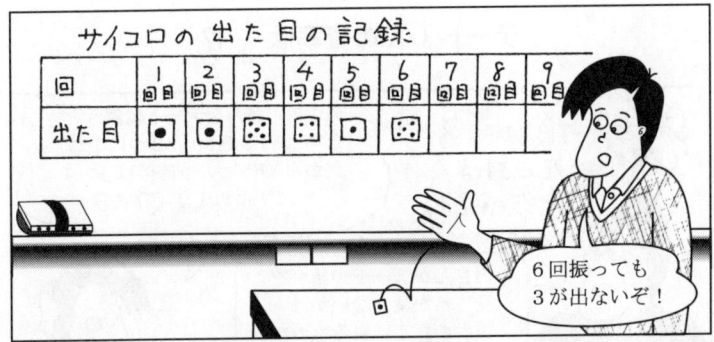

たとえば，サイコロを 600 回投げたとき，出る目は 1 が続けて何回も出たり，3 の目が続けて出たりとまちまちで，とても 3 の目が出る確率が $\frac{1}{6}$ とは思えない結果になります．でも回を重ねるにつれて全体的にみると約 $\frac{1}{6}$ の確率で 3 の目が出てくることがわかります．ぜひやってみてください．

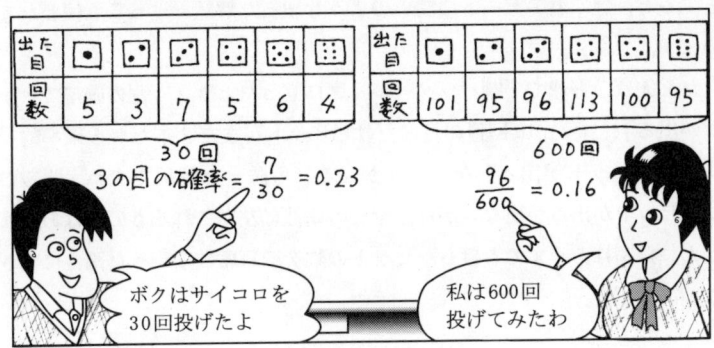

30回投げた健二君より600回投げた円さんの結果の方が確率は $\frac{1}{6} \fallingdotseq$ 0.17 に近くなっていますね．確率は次に何が起こるかを当てるものではありません．たくさん試行したときのトータルの割合にすぎませんが，そこのところを理解しておくと確率は便利に使えます．

デート OK の確率は $\frac{1}{2}$!?

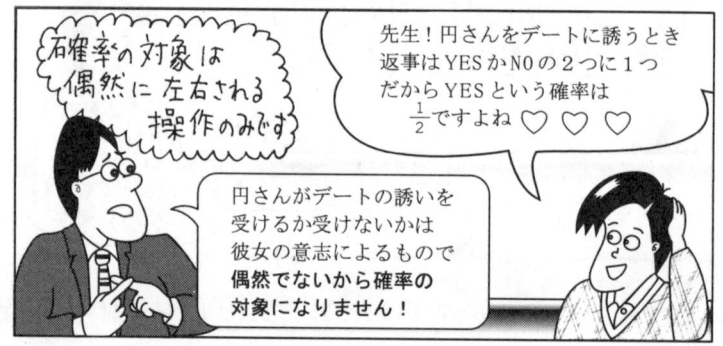

確率の説明（130ページ）をもう一度みてみましょう．「試行」という言葉がありますが，試行とは「結果が全くの偶然に左右される操作」なのです．

日常生活でも確率という言葉がよく使われますが，数学の確率の立場からすると，健二君のデートの誘いのような誤った解釈もけっこう使われています．

たとえば，野球で4割バッターが打席に立ったとき「4割の確率でヒットが出る」とか，「10回目の打席だけどヒットがまだ2本だから確率的に次は必ずヒットが出る」などですが，これも誤った解釈ですね．明らかに，ヒットが出るか出ないかは，全くの偶然に左右されるものではありません．打率はあくまでも打ったヒットの数を総打席数で割った割合にすぎないのです．

ポケコンコーナー　7

　次のプログラムは，指定回数だけサイコロをころがしたとき，指定したサイコロの目が出る確率をシミュレーションして求めるものです．

10 INPUT "KAISU", N	…… サイコロをころがす回数を入力する．
20 INPUT "ME-WA", M	…… サイコロの目を入力する．
30 RANDOMIZE	…… この命令を記述すると，RND命令で乱数を発生させる場合電源を入れ直しても同じ乱数を発生しなくなる．
40 C=1	…… 指定した目が出た回数を代入する変数の初期値1

50 FOR I=1 TO N	60行と70行の命令を N 回繰り返し実行する．
60 X=RND 6	60行では乱数1〜6を発生し，x に代入する．
70 IF X=M THEN C=C+1	70行では，もし，x と M が等しければ $C=C+1$ とする．
80 NEXT I	
90 K=C/N	…… 確率 $\dfrac{C}{N}$ を求めて K へ代入する．
100 PRINT "KAKURITSU" ; K	…… 90行で求めた確率を表示する．

　プログラムを入力し終えたら実行してみましょう．

　ちなみに，サイコロをころがす回数を800回，サイコロの目を2として入力した結果，KAKURITSU 0.16625 と表示されました．これは確率の計算上の値 $\dfrac{1}{6}$ にかなり近い値ですね．

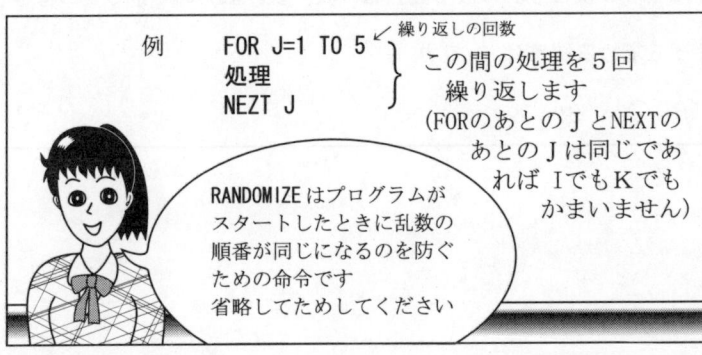

─── 練習問題 ───

1. 次の文の「試行」と「事象」を言いなさい.

　　　　３枚のコインを投げたとき，１枚だけ表になる.

2. ３枚のコインを同時に投げるとき，３枚とも表になる確率を求めなさい.

3. 確率の対象になるものに○印を，ならないものに×印をつけなさい.

　　⑴　双六で，さいころを投げるとき，「３の目が出ればゴールだ．ゴールできる確率は $\frac{1}{6}$ だ」

　　⑵　「このピッチャーの投げる球種はストレートとカーブの２種類だけだから，次にストレートがくる確率は $\frac{1}{2}$ だ」

[解答]

1. 「試行」３枚のコインを投げること

　　「事象」１枚だけ表になる

2. まず全ての起こりうる場合をあげること

　　　（表，裏，裏）（表，表，裏）（表，裏，表）（表，表，表）

　　　（裏，表，表）（裏，表，裏）（裏，裏，表）（裏，裏，裏）

の８通り.

　　そのうち３枚とも表になる場合は（表，表，表）の１通りあります.

　　よって求める確率は $\frac{1}{8}$ です.

3. ⑴　○　　　⑵　×

§2 確率と場合の数の求め方

　確率を正確に計算できるようになるためには，「場合の数を正確に求める」ことが大切なポイントになります．この場合の数の求め方が，いくつかありますので，その方法をマスターしましょう．

① 樹形図

> **問題3.**　J（ジョーカー），Q（クィーン），K（キング）の3枚のトランプカードを横一列に並べる場合の数は全部で何通りあるか求めなさい．

　解　1番目，2番目，3番目に並べられるカードを書き出してみます．

　ただし，3番目に並ぶカードは，1番目と2番目のカードが決まると残り1枚のカードしかありませんのでそのカードを書きます．

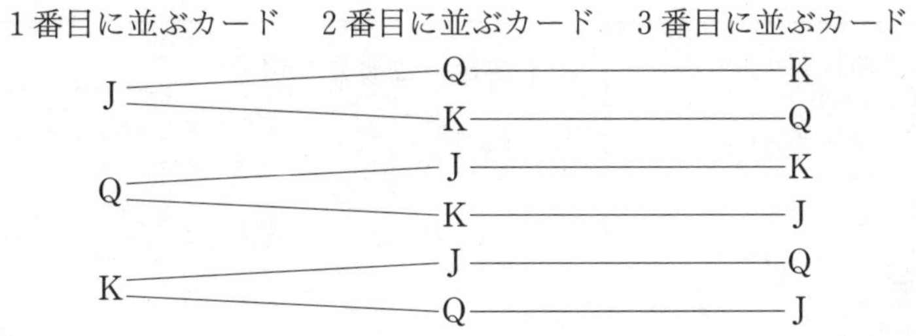

```
1番目に並ぶカード    2番目に並ぶカード    3番目に並ぶカード
                      Q ──────────── K
J ──────────────
                      K ──────────── Q

                      J ──────────── K
Q ──────────────
                      K ──────────── J

                      J ──────────── Q
K ──────────────
                      Q ──────────── J
```

　　　　　　　　　　　　　　　　　　答　全部で6通り

　この図のように，書き出していく順番を自分で決めてからその約束にしたがって書き出すと，落ちや重複もなく数えることができます．この

ような図は樹木が枝をはったようにみえるので**樹形図**といいます.

問題4. 赤,青,白の3枚のカードをよく切って横一列に並べると
き,青と白のカードが隣り合う確率を求めなさい.場合の数は樹
形図を書いて数えること.

解 まず,3枚のカードを横一列に並べる全ての場合の数を求めます.

1番目と2番目は赤,青,白の順で書き出し,3番目は残りの1枚を
書くという約束で書き出してみます.

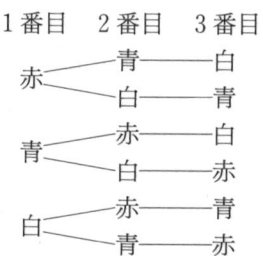

場合の数は全部で6通り.

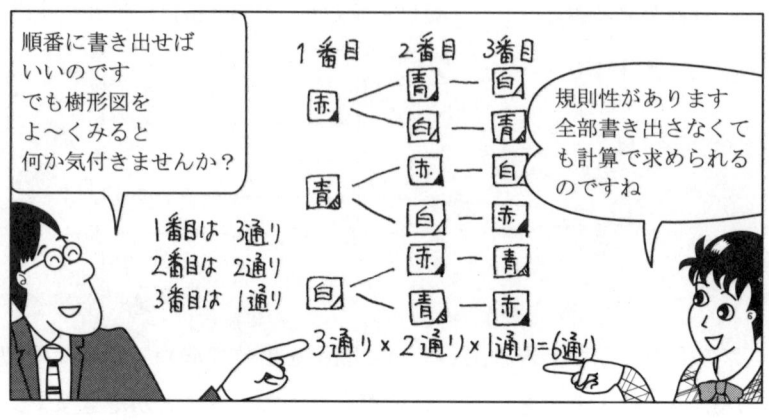

次に，その中で青と白が隣り合う場合の数を求めます．138 ページの
樹形図をみると，

赤― 青―白 赤― 白―青 青―白 ―赤 白―青 ―赤

の 4 通りの並び方が青と白が隣り合っています．

よって求める確率は $\dfrac{4}{6} = \dfrac{2}{3}$ となります． 答 $\dfrac{2}{3}$

② 順列

樹形図は便利な方法ですが，数が多くなると全て書き出すのは大変で
す．順番に並べる場合の数は計算で求めることができます．

n 個のものから r 個選んで順番に並べる場合の数は次のように求め
ます．

1番目	2番目	3番目	……	r 番目
n 通り	$n-1$ 通り	$n-2$ 通り		$n-(r-1)=n-r+1$ 通り
	1番目で選んだ 1個を除く	2番目までに選んだ 2個を除く		$r-1$ 番目までに選んだ $r-1$ 個を除く

全ての場合の数は $n \times (n-1) \times \cdots \times (n-r+1)$ 通りです．

このような，いくつかのものを順番に並べてできる列を **順列** といい
ます．

n 個から r 個を選んで順番に並べる順列の全ての場合の数は記号 $_n\mathrm{P}_r$
で表します．

$_n\mathrm{P}_r = n \times (n-1) \times \cdots\cdots \times (n-r+1)$ です．

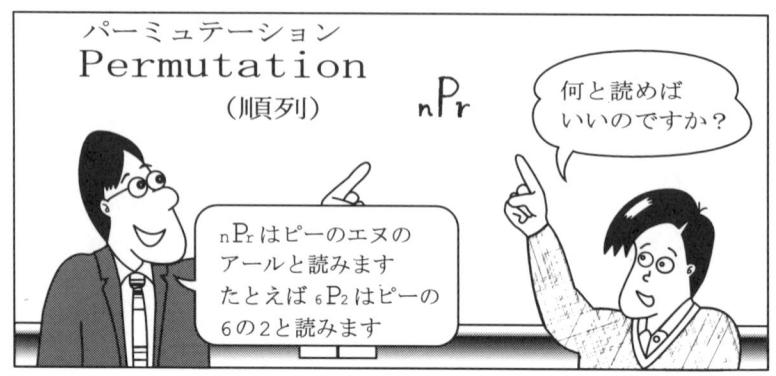

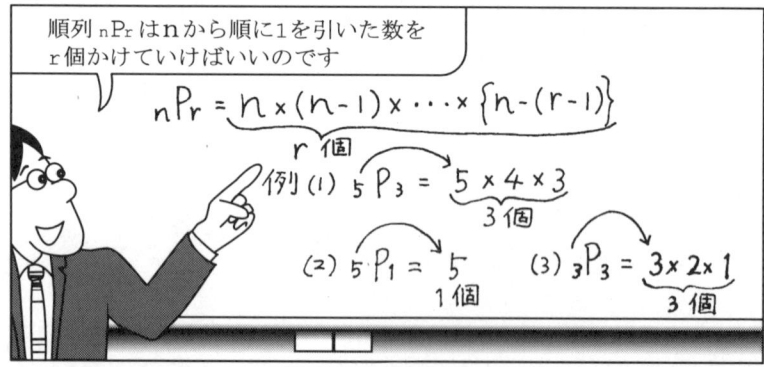

問題5. 1〜5の数の書いてあるカードから3枚を選んで並べる並べ方の総数を次の2通りの方法で求めよ.

(1) 樹形図を書いて求める.

(2) 順列の式で求める.

解 (1)

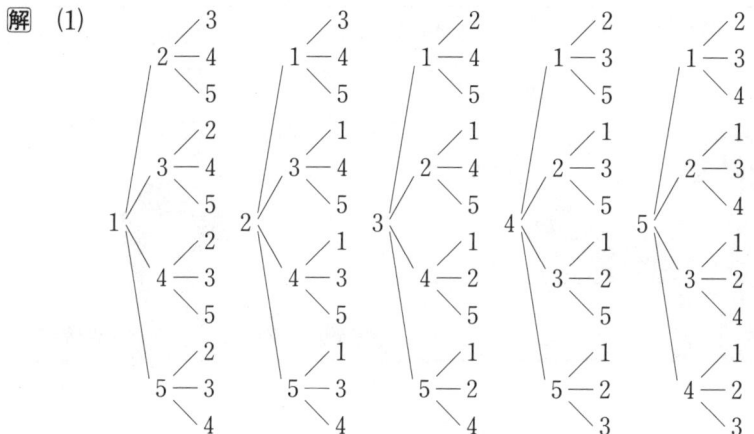

答 全部で60通り

(2) 異なる5枚のカードから3枚を選んで並べる順列だから $_5P_3$ を求めます.

$$_5P_3 = 5 \times 4 \times 3 = 60$$

答 60通り

問題6. 1〜10の数の書いてあるよく切ったカードから4枚を選んで並べるとき,カードの並び方が,8,7,6,5の順になる確率を求めなさい.

解 まず,10枚のカードから4枚選んで一列に並べる全ての場合の数を求めます.10枚から4枚選ぶ順列ですから $_{10}P_4$ です.

$$_{10}P_4 = 10 \times 9 \times 8 \times 7 = 5040$$

全部で5040通りあります.

次に,その中で8,7,6,5とカードが並ぶのは1通りだけです.よって求める確率は $\dfrac{1}{5040}$ となります.

答 $\dfrac{1}{5040}$

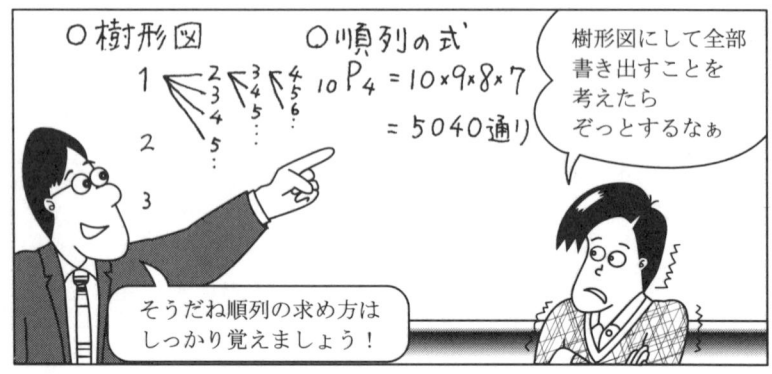

　前に，3枚のカードを一列に並べる並べ方を数えました（138ペー
ジ）．これは3枚のカードから3枚選んで並べる順列です．記号で表す
と $_3P_3$ です．

　$_3P_3 = 3 \times 2 \times 1 = 6$ 通りでしたね．

　このように，n 個のものから n 個全部を並べる順列を特に**階乗**（かいじょう）と呼
びます．

　記号で $n!$ （エヌダッシュ）と表わします．

$$n! = {}_nP_n = n \times (n-1) \times (n-2) \times \cdots \times 3 \times 2 \times 1$$

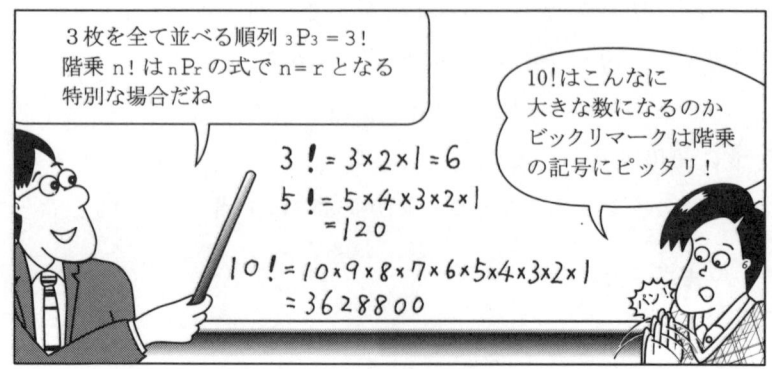

> **問題7.** 1〜10 の番号の書いてあるカードをよく切って横一列に
> 並べたとき，$10, 9, 8, 7, 6, 5, 4, 3, 2, 1$ と並ぶ確率を求めなさい．

解 まず 10 枚のカードを一列に並べる全ての場合の数を求めます．
全て選んで並べるので 10 の階乗 10! を求めます．

$$10! = 10 \times 9 \times 8 \times 7 \times 6 \times 5 \times 4 \times 3 \times 2 \times 1 = 3628800$$

全部で 3628800 通りあります．

次にその中で，$10, 9, 8, 7, 6, 5, 4, 3, 2, 1$ とカードが並ぶのは 1 通りだ
けです．よって求める確率は $\dfrac{1}{3628800}$ となります．　　**答** $\dfrac{1}{3628800}$

③ **組合せ**

これまで勉強してきた順列や階乗は「順番に並べる」並べ方を数える
方法でした．次は「順番を考えずに，まとめて選ぶ」場合の選び方を勉
強します．順番を考えずにまとめて選んだものを「**組合せ**」と呼びま
す．

> **問題8.** A〜D の文字が書いてあるカードからまとめて 3 枚を選
> ぶ場合，組合せは何組あるかを求めなさい．

解 まず，A, B, C, D から 3 枚選んで並べる並べ方は $_4\mathrm{P}_3 = 4 \times 3 \times$
$2 = 24$ 通りありますが，これを全て書き出します．

次に，並ぶ順番は違っていても選んだカードの組合せが同じものどう
しをまとめて同じ番号をつけます．

たとえば，$(A, B, C)\ (A, C, B)\ (B, A, C)\ (B, C, A)\ (C, A, B)\ (C,$
$B, A)$ の 6 通りは A, B, C の並び方は違いますが，組合せで選ぶとど

れも A と B と C の3枚が選ばれた同じ組なので①と番号をつけます.

①(A, B, C) ②(A, B, D) ①(A, C, B) ③(A, C, D)

②(A, D, B) ③(A, D, C) ①(B, A, C) ②(B, A, D)

①(B, C, A) ④(B, C, D) ②(B, D, A) ④(B, D, C)

①(C, A, B) ③(C, A, D) ①(C, B, A) ④(C, B, D)

③(C, D, A) ④(C, D, B) ②(D, A, B) ③(D, A, C)

②(D, B, A) ④(D, B, C) ③(D, C, A) ④(D, C, B)

以上,組合せは4通りあることがわかります.   答 4通り

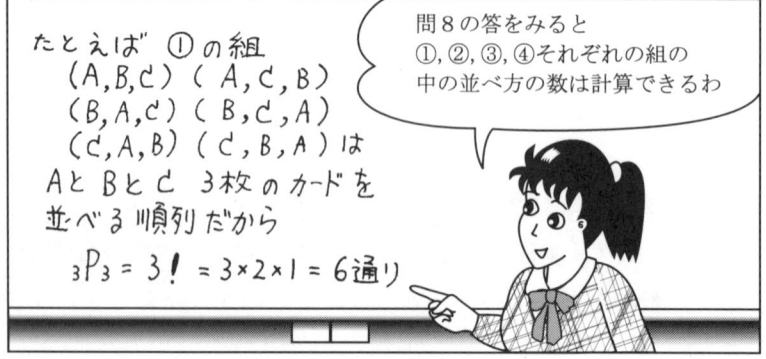

同様に②の組は A, B, D を並べる階乗

$$3! = 3 \times 2 \times 1 = 6 \text{通り}$$

③の組は A, C, D を並べる階乗

$$3! = 3 \times 2 \times 1 = 6 \text{通り}$$

④の組は B, C, D を並べる階乗

$$3! = 3 \times 2 \times 1 = 6 \text{通り}$$

となります.

　上図のように全ての並べ方 $_4P_3$（24 通り）のうち 3!（6 通り）ずつが同じ組合せとなるので，全ての組合せの数は $\dfrac{_4P_3}{3!}=4$ 通りと求まります．

　一般に n 個のものから順番を区別せずに r 個を選ぶ組合せの数を記号で $_nC_r$ と記します．

　$_nC_r$ を計算で求めるには，まず n 個から r 個を並べる順列 $_nP_r$ を求めます．次に r 個を並べる階乗 $r!$ を求め $\dfrac{_nP_r}{r!}$ を計算すれば求まります．

　$_nC_r=\dfrac{_nP_r}{r!}$ です．

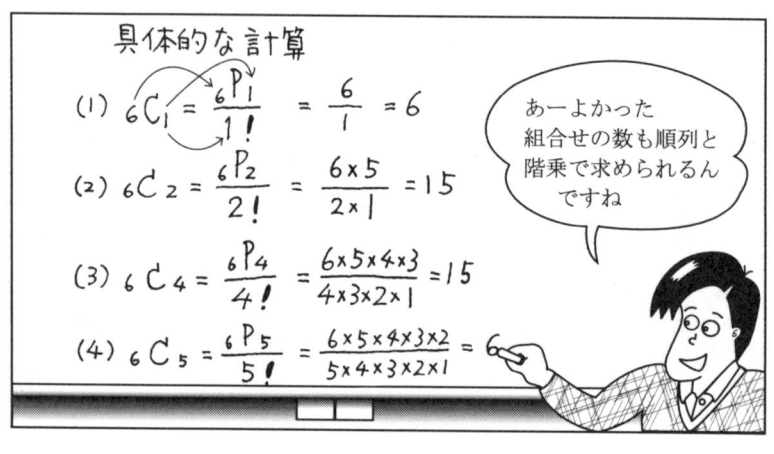

具体的な計算

(1) $_6C_1 = \dfrac{_6P_1}{1!} = \dfrac{6}{1} = 6$

(2) $_6C_2 = \dfrac{_6P_2}{2!} = \dfrac{6 \times 5}{2 \times 1} = 15$

(3) $_6C_4 = \dfrac{_6P_4}{4!} = \dfrac{6 \times 5 \times 4 \times 3}{4 \times 3 \times 2 \times 1} = 15$

(4) $_6C_5 = \dfrac{_6P_5}{5!} = \dfrac{6 \times 5 \times 4 \times 3 \times 2}{5 \times 4 \times 3 \times 2 \times 1} = 6$

あーよかった　組合せの数も順列と階乗で求められるんですね

　上の(2)と(3)から $_6C_2$ と $_6C_4$ の値がどちらも 15 で一致することに気付いたと思います．これは「6個から2個を選ぶ」ということと「6個から4個を残す」ことが同じことだからです．

　(1)と(4)すなわち $_6C_1$ と $_6C_5$ の値が 6 で一致しているのも同じ理由です．

　一般には $_nC_{n-r} = {_nC_r}$ と表します．

問題9.　奇数 $1, 3, 5, 7, 9$ の数字が書いてあるカードから 3 枚をまとめて選ぶ組合せは何通りあるか求めなさい．

解　まとめて選ぶ組合せの数ですから $_5C_3$ を計算します．

$$_5C_3 = \frac{_5P_3}{3!} = \frac{5 \times 4 \times 3}{3 \times 2 \times 1} = 10$$

答　10 通り

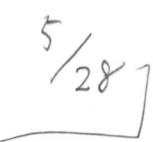

5/28

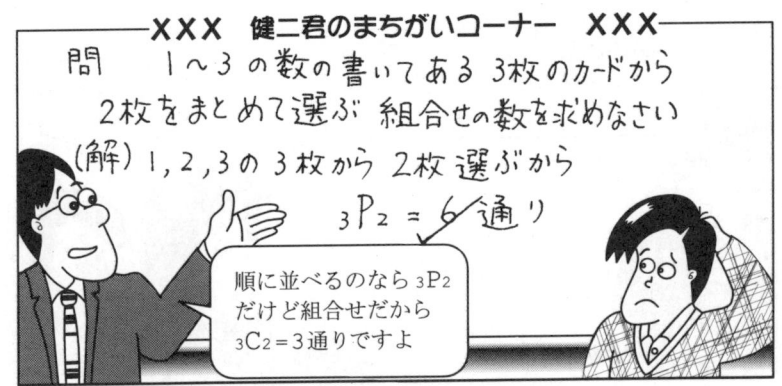

問　1〜3の数の書いてある3枚のカードから
2枚をまとめて選ぶ組合せの数を求めなさい

(解) 1, 2, 3 の 3枚から 2枚選ぶから

$$_3P_2 = 6 通り$$

順に並べるのなら $_3P_2$
だけど組合せだから
$_3C_2=3$ 通りですよ

問題10.　1から10までの数が書いてある10枚のカードがある.
この中からまとめて3枚のカードを取り出すとき,その3枚が1,
3, 5のカードとなる確率を求めなさい.

解　まず10枚のカードから3枚取り出す全ての場合の数を求めます.
10枚から3枚を取り出す組合せの数ですから

$$_{10}C_3 = \frac{_{10}P_3}{3!} = \frac{10 \times 9 \times 8}{3 \times 2 \times 1} = 120 \text{ 通り}$$

になります.

次に,その中で,1, 3, 5のカードとなる組合せは1通りです.
よって求める確率は $\frac{1}{120}$ となります.　　　　　**答**　$\frac{1}{120}$

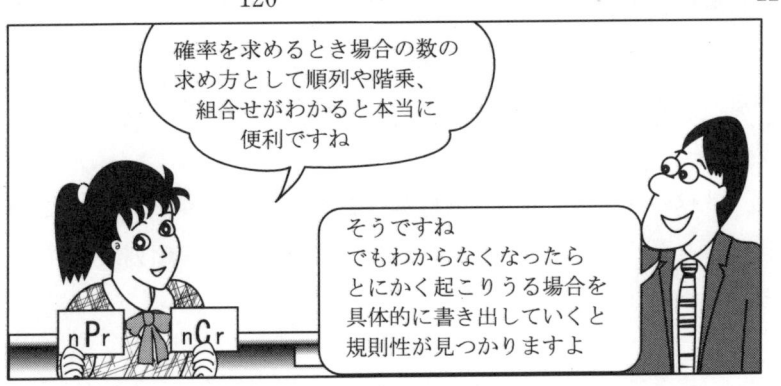

確率を求めるとき場合の数の
求め方として順列や階乗、
組合せがわかると本当に
便利ですね

そうですね
でもわからなくなったら
とにかく起こりうる場合を
具体的に書き出していくと
規則性が見つかりますよ

nPr　nCr

▶▶ 重複順列の例

(1)　2個のサイコロを同時に投げるとき出る目は？

異なる6個の目から重複を許して2個並べる重複順列だから $6^2 = 36$ 通り.

(2)　3枚のコインを同時に投げるとき，出方のすべての場合の数は異なる2個（表と裏）から重複を許して3個並べる重複順列だから $2^3 = 8$ 通り.

練習問題

---

1. A, B, C, D, E の 5 人のメンバーで構成されている班がある．このとき以下の場合の数を求めなさい．

   (1) 5 人から班長，副班長，書記を選ぶ場合の数

   (2) 5 人から班長や副班長の区別をせずに 3 人の代表を選ぶ場合の数

   (3) 5 人の中で A, B, C の 3 人を代表とし，この 3 人の中で班長，副班長，書記を決める場合の数

2. 袋の中に赤い玉が 2 個と白い玉が 3 個入っている．この袋から中を見ずに円さんが先に玉を 1 個取り出し，次に健二君が 1 個取り出すとき，円さんも健二君も白い玉を取り出す確率を求めなさい．

   ただし，取り出した玉は袋に戻さないものとします．

3. 1 から 10 までの数が書かれている 10 枚のカードがある．この中から 3 枚のカードを取り出すとき，3 枚とも奇数になる確率を求めなさい．

解答

1. (1) 5 人から 3 人を選び，しかも 3 人の並べ方（班長，副班長，書記）も考えるので順列です．よって答は $_5P_3 = 5 \times 4 \times 3 = 60$ 通りです．

   (2) 5 人から 3 人をまとめて選び，さらに順番は関係ないので組合せです．よって答は $_5C_3 = \dfrac{_5P_3}{3!} = \dfrac{5 \times 4 \times 3}{3 \times 2 \times 1} = 10$ 通りです．

   (3) 3 人から 3 人全員を選び，3 人の並べ方（班長，副班長，書記）を考えるので順列 $_3P_3$ すなわち 3 の階乗です．よって答は $3! = 3 \times 2 \times 1 = 6$ 通りです．

2. まず，円さんと健二君の 2 人が，合計 5 個の玉から 1 つずつを取り出す全ての場合の数は 5 個から 2 個を選んで並べる順列だから $_5P_2$ です．$_5P_2 = 5 \times 4 = 20$ 通りです．

   次に，円さんと健二君が順番に玉を取り出して 2 人とも白い玉を取り出す場合の数は，白い玉 3 個から 2 個を取り出して並べる順列だか

ら ${}_3P_2$ です.

$$\text{${}_3$P}_2 = 3 \times 2 = 6 \text{ 通りです.}$$

よって求める確率は $\dfrac{6}{20} = \dfrac{3}{10}$ となります.

3. 10枚から3枚を取り出す全ての場合の数は ${}_{10}C_3$ です.

$$\text{${}_{10}$C}_3 = \frac{{}_{10}P_3}{3!} = \frac{10 \times 9 \times 8}{3 \times 2 \times 1} = 120 \text{ 通りです.}$$

次に, 3枚のカードから3枚とも奇数になる場合は, 1, 3, 5, 7, 9 の5枚の奇数のカードの中から3枚を選ぶ組合せの数ですから ${}_5C_3$ です.

$$\text{${}_5$C}_3 = \frac{{}_5P_3}{3!} = \frac{5 \times 4 \times 3}{3 \times 2 \times 1} = 10 \text{ 通りです.}$$

よって求める確率は $\dfrac{10}{120} = \dfrac{1}{12}$ となります.

§3　いろいろな確率の計算方法

① 確率の和の法則

問題11.　1個のサイコロを投げたとき, 出る目が3または6である確率を求めなさい.

解　まず, 1個のサイコロを投げたとき, 起こりうる全ての場合の数は1〜6の目があるから6通りです.

次に, 目の数が3か6である場合は2通りです.

よって求める確率は $\dfrac{2}{6} = \dfrac{1}{3}$ となります.

上の問題は, 出る目が3である確率と6である確率を別々に求めてたしても計算することができます.

出る目が3となる確率は $\frac{1}{6}$，6となる確率は $\frac{1}{6}$ ですから，たすと $\frac{1}{6}+\frac{1}{6}=\frac{2}{6}=\frac{1}{3}$ となり，答は先程の解と一致します．

一般に A または B が起こる確率を求めるとき，A と B が同時には起こらない（A が起こったとき，B は必ず起こらない）場合

　　A または B が起こる確率＝（A が起こる確率）＋（B が起こる確率）

と求めることができます．

なお，A と B が同時に起こらないということを A と B は排反であるといいます．

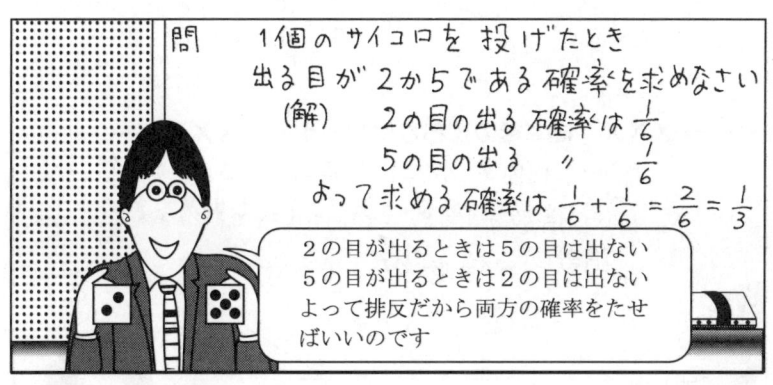

問題 12.　1個のサイコロを投げたとき，目の数が3の倍数か偶数である確率を求めなさい．

解　出る目が3の倍数である場合と偶数である場合が同時に起こる場合が1通りあることに注意します．

具体的にみてみます．

目が3の倍数になるとき　3, 6　　　　　　　　　　　　　　確率は$\dfrac{2}{6}$

目が偶数になるとき　2, 4, 6　　　　　　　　　　　　　　確率は$\dfrac{3}{6}$

　目が6になるときは，3の倍数である場合と偶数である場合が同時に起こる場合ですね．このように同時に起こる場合があるときは，目が3の倍数となる確率$\dfrac{2}{6}$と目が偶数となる確率$\dfrac{3}{6}$をたしてから，（2重にたしてしまうことになる）6の目になる確率$\dfrac{1}{6}$を引きます．

$$\text{答}\quad \dfrac{2}{6}+\dfrac{3}{6}-\dfrac{1}{6}=\dfrac{4}{6}=\dfrac{2}{3}$$

↑同時に起こる確率を引く．

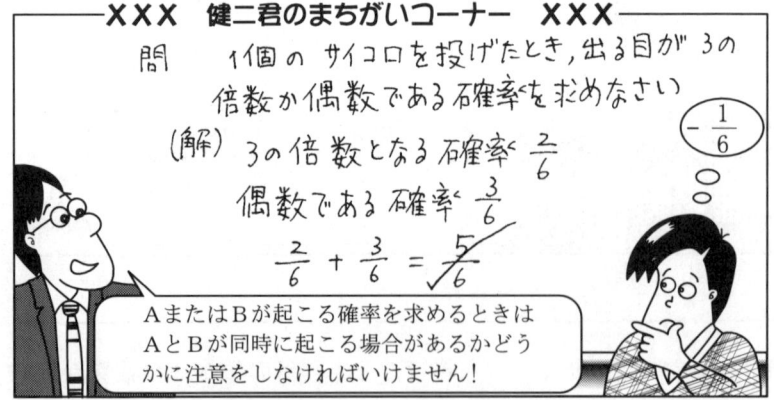

　一般に A または B が起こる確率を求めるとき，A と B が同時に起こる場合もあるとき，

　　A または B が起こる確率＝（A が起こる確率）＋（B が起こる確率）
　　　　　　　　　　　　　　　　　－（A と B が同時に起こる場合の確率）

と求めることができます．

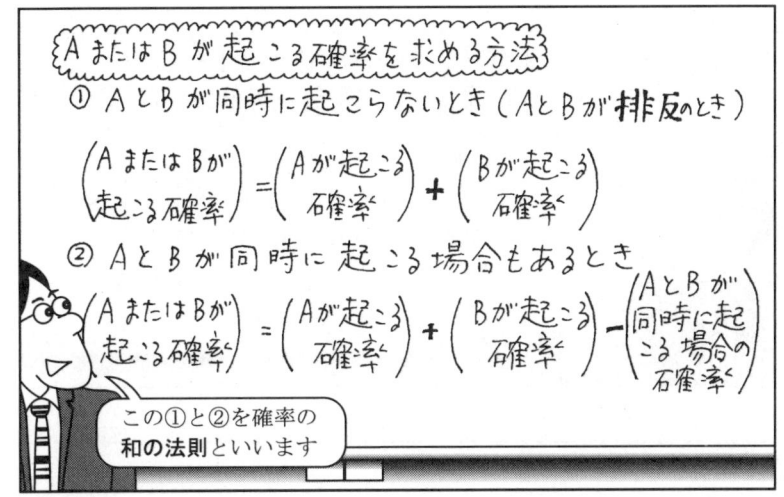

② 余事象

> **問題 13.** 1個のサイコロを投げたとき，偶数の目が出ない確率を求めなさい．

解 まず起こりうる全ての場合の数は $1 \sim 6$ の目の 6 通りです．

次に，偶数の目が出ない場合というのは $1, 3, 5$ の各目が出る場合です．全部で 3 通りあります．よって求める確率は $\dfrac{3}{6} = \dfrac{1}{2}$ となります．

答 $\dfrac{1}{2}$

上の問題で，「偶数の目が出ない」という事象 $1, 3, 5$ はサイコロを投げたとき出る $1 \sim 6$ の目のうち，「偶数の目が出る」事象 $2, 4, 6$ を除いた事象です．このとき，「偶数の目が出ない」という事象を，「偶数の目が出る事象」の「**余事象**」といいます．

※事象という言葉がよく分からなければ 130 ページをもう一度みてくださいね．

一般にある試行の結果，起こりうる全ての事象のうち，事象 A 以外の事象を事象 A の余事象といい，記号 $\overline{A}$ で表し，エー・バーと読みます．

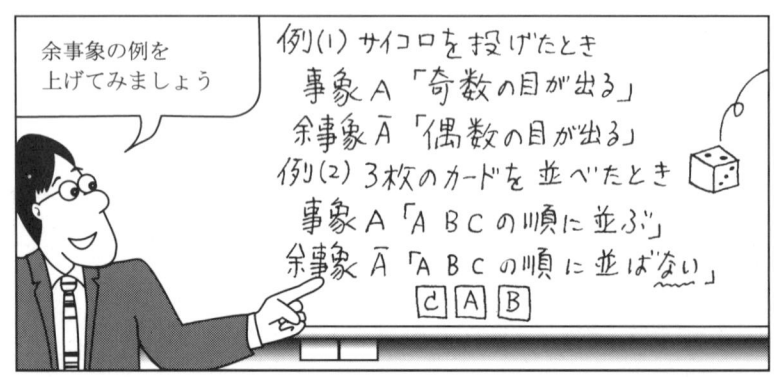

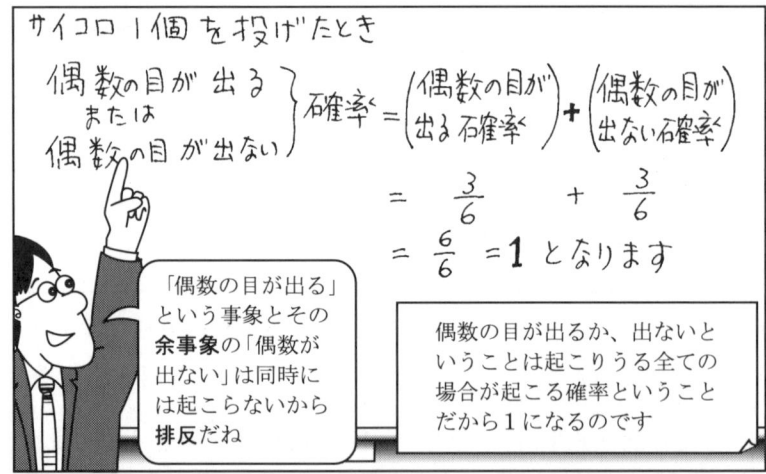

　一般に，「事象 A が起こる確率」＋「余事象 $\overline{A}$ が起こる確率」＝1 です．
この式を変形すると

　　　　　　事象 A が起こる確率＝1−余事象 $\overline{A}$ が起こる確率

となります．

　この式から，事象 A が起こる確率を求めるのに，余事象 $\overline{A}$ が起こる
確率を求めて 1 から引いても求められることがわかります．

問題14. 3枚のコインを投げて少なくとも1枚が表になる確率を求めなさい.

解 まず, 3枚のコインを投げて起こりうる全ての場合を樹形図にしてみると

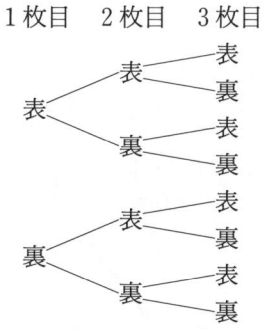

以上全てで8通りあります.

次に, 少なくとも1枚が表である場合をあげてみます.

1枚だけ表 ⟶ （表，裏，裏）　（裏，裏，表）　（裏，表，裏）

2枚が表 ⟶ （表，表，裏）　（表，裏，表）　（裏，表，表）

3枚とも表 ⟶ （表，表，表）

以上，7通りあります．

よって求める確率は $\dfrac{7}{8}$ となります．　　　　　　　　　答 $\dfrac{7}{8}$

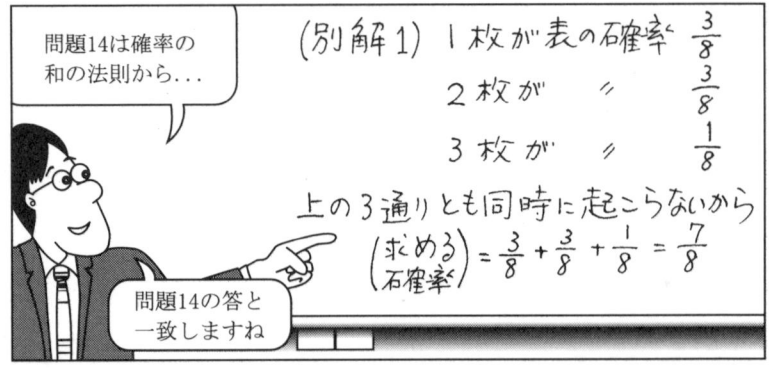

問題14は確率の和の法則から...

（別解1）1枚が表の確率 $\dfrac{3}{8}$
　　　　2枚が 〃 $\dfrac{3}{8}$
　　　　3枚が 〃 $\dfrac{1}{8}$

上の3通りとも同時に起こらないから

（求める確率）＝ $\dfrac{3}{8}+\dfrac{3}{8}+\dfrac{1}{8}=\dfrac{7}{8}$

問題14の答と一致しますね

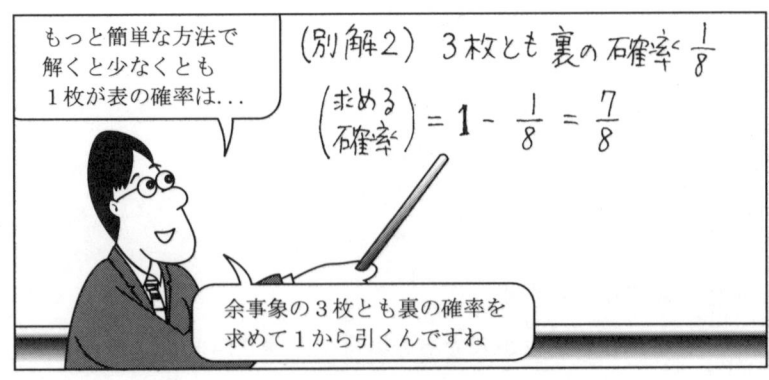

もっと簡単な方法で解くと少なくとも1枚が表の確率は...

（別解2）3枚とも裏の確率 $\dfrac{1}{8}$

（求める確率）＝ $1-\dfrac{1}{8}=\dfrac{7}{8}$

余事象の3枚とも裏の確率を求めて1から引くんですね

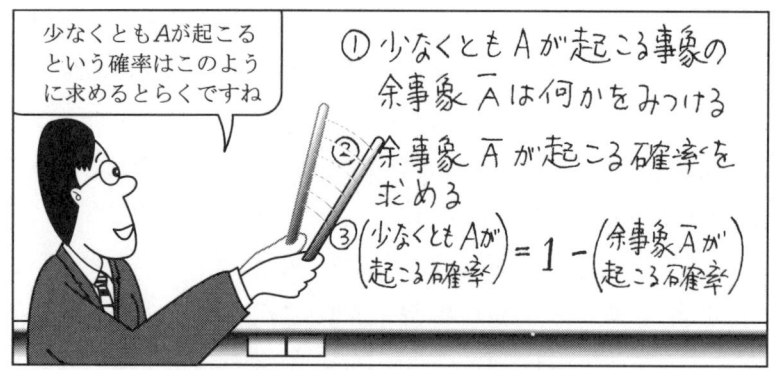

少なくともAが起こる
という確率はこのよう
に求めるとらくですね

① 少なくとも A が起こる事象の
　余事象 $\overline{A}$ は何かをみつける
② 余事象 $\overline{A}$ が起こる確率を
　求める
③ $\left(\begin{array}{c}少なくともAが\\起こる確率\end{array}\right) = 1 - \left(\begin{array}{c}余事象\overline{A}が\\起こる確率\end{array}\right)$

③ 確率の積の法則

問題 15. 　赤い袋と白い袋があります．赤い袋には $1, 2, 3, 4$ と書か
れた 4 個の赤い玉が入っていて，白い袋には $1, 2, 3, 4$ と書かれた
4 個の白い玉が入っています．

(1) 　赤い玉を取り出したとき，書かれている数字が 3 以下の玉で
ある確率を求めなさい．

(2) 　白い玉を取り出したとき，書かれている数字が偶数の玉であ
る確率を求めなさい．

(3) 　赤い玉と白い玉を 1 個ずつ取り出したとき，赤い玉の数字が
3 以下で，白い玉の数字が偶数である確率を求めなさい．

解 　(1) 　赤い玉を取り出す全ての場合は，書かれている数字が $1 \sim 4$
の 4 通りです．その中で，書かれている数字が 3 以下である場合は 1
~ 3 の 3 通りです．

よって求める確率は $\dfrac{3}{4}$ となります．　　　　　　　　答 $\dfrac{3}{4}$

(2)　白い玉を取り出す全ての場合は，書かれている数字が1〜4の4通りです．その中で，書かれている数字が偶数である場合は2, 4の2通りです．

よって求める確率は $\dfrac{2}{4} = \dfrac{1}{2}$ となります．　　　　　　　　答　$\dfrac{1}{2}$

(3)　まず起こりうる全ての場合を書き出してみます．なおわかりやすくするために赤い玉を◎，白い玉を○で表します．

◎①○①　◎①○②　◎①○③　◎①○④

◎②○①　◎②○②　◎②○③　◎②○④

◎③○①　◎③○②　◎③○③　◎③○④

◎④○①　◎④○②　◎④○③　◎④○④

全てで16通りあります．

次に，赤い玉が3以下の数字で，白い玉が偶数である場合は

◎①○②　◎①○④　◎②○②　◎②○④　◎③○②　◎③○④

の6通りあります．

よって求める確率は $\dfrac{6}{16} = \dfrac{3}{8}$ となります．　　　　　　　　答　$\dfrac{3}{8}$

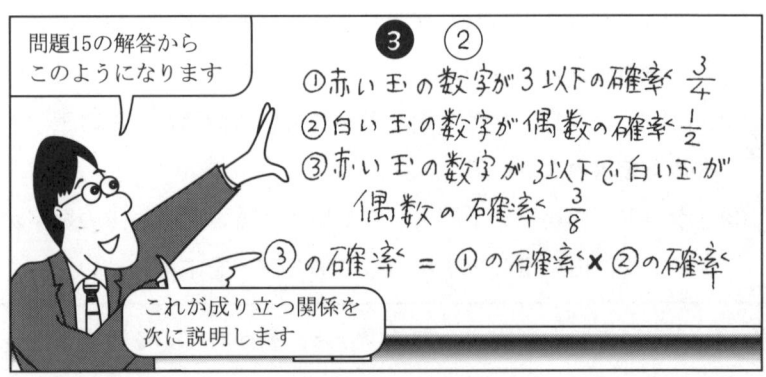

問題15の解答からこのようになります

❸　②
① 赤い玉の数字が3以下の確率＜ $\dfrac{3}{4}$
② 白い玉の数字が偶数の確率＜ $\dfrac{1}{2}$
③ 赤い玉の数字が3以下で白い玉が偶数の確率＜ $\dfrac{3}{8}$

③の確率 ＝ ①の確率 ✕ ②の確率＜

これが成り立つ関係を次に説明します

赤い袋からどんな玉を取り出しても，白い袋から何を取り出すかということには全く関係ありませんね．このとき，赤い袋から玉を取り出すという試行と白い袋から玉を取り出すという試行の2つの試行は互いに

独立であるといいます.

そして，一般に互いに独立な試行 S, T を続けて行うとき，試行 S の結果，事象 A が起こり，試行 T の結果，事象 B が起こる確率は

$$A\text{ が起こる確率} \times B\text{ が起こる確率}$$

で求めることができます.

これを確率の**積の法則**といいます.

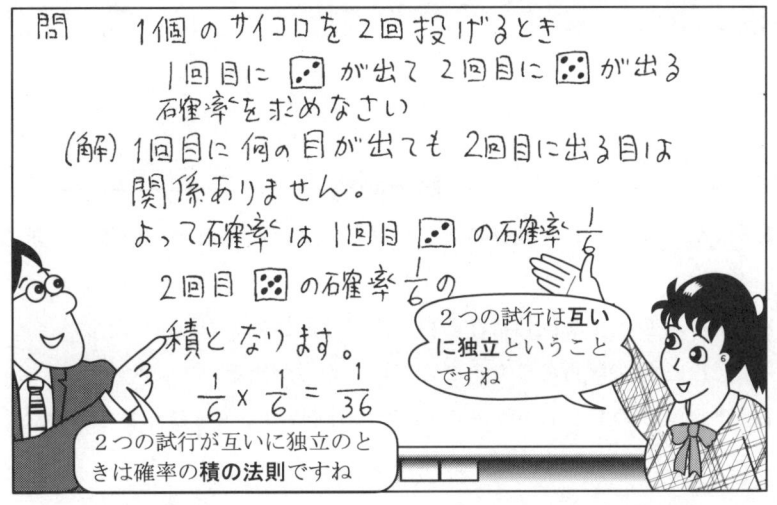

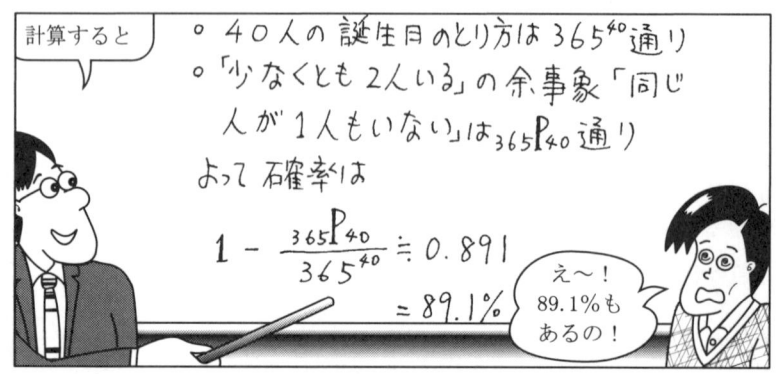

計算すると
- 40人の誕生日のとり方は 365^{40} 通り
- 「少なくとも2人いる」の余事象「同じ人が1人もいない」は $_{365}P_{40}$ 通り

よって確率は

$$1 - \frac{_{365}P_{40}}{365^{40}} \fallingdotseq 0.891$$
$$= 89.1\%$$

え〜！89.1%もあるの！

──練習問題──

1. 1個のサイコロを投げるという試行を3回行うとき次の確率を求めなさい.

    (1)　1回目，2回目に2の目が出て3回目に2の目以外となる.

    (2)　3回の試行のうち，2回だけ2の目が出る.

2. トランプのダイヤのカード13枚から同時に2枚をひくとき，少なくとも1枚は絵札である確率を求めなさい.

[解答]

1. (1)　1回目何が出ても2回目，3回目に何が出るかには全く関係ないので各試行は独立です. したがって積の法則で確率を求めます. 各回の試行において，2の目が出る確率は $\frac{1}{6}$，2の目が出ない確率は $\frac{5}{6}$ です.

    よって1回目，2回目が2の目で3回目が2の目以外の確率は $\frac{1}{6} \times \frac{1}{6} \times \frac{5}{6} = \frac{5}{216}$ となります.   **答** $\frac{5}{216}$

(2)　3回中2回2の目が出る場合は次のようになります.

　　　　　1回目　　　2回目　　　3回目

　㋑　2の目　　　2の目　　　2の目以外

　　　　確率は $\dfrac{1}{6} \times \dfrac{1}{6} \times \dfrac{5}{6} = \left(\dfrac{1}{6}\right)^2 \dfrac{5}{6}$

　㋺　2の目　　　2の目以外　　2の目

　　　　確率は $\dfrac{1}{6} \times \dfrac{5}{6} \times \dfrac{1}{6} = \left(\dfrac{1}{6}\right)^2 \dfrac{5}{6}$

　㋩　2の目以外　　2の目　　　2の目

　　　　確率は $\dfrac{5}{6} \times \dfrac{1}{6} \times \dfrac{1}{6} = \left(\dfrac{1}{6}\right)^2 \dfrac{5}{6}$

　㋑㋺㋩は同時には起こらないので排反です. よって求める確率は

$$\left(\dfrac{1}{6}\right)^2\left(\dfrac{5}{6}\right) + \left(\dfrac{1}{6}\right)^2\left(\dfrac{5}{6}\right) + \left(\dfrac{1}{6}\right)^2\left(\dfrac{5}{6}\right) = 3\left(\dfrac{1}{6}\right)^2\left(\dfrac{5}{6}\right) = \dfrac{5}{72}$$

となります.　　　　　　　　　　　　　　　　　　箸　$\dfrac{5}{72}$

2.　まず, 13枚から2枚をひく全ての場合の数は $_{13}C_2$ です.

　次に,「少なくとも1枚は絵札」の余事象は「2枚とも絵札でない」です. 2枚とも絵札でない全ての場合の数は, 絵札でない10枚の札から2枚を選ぶ場合の数ですから $_{10}C_2$ です.

　よって求める確率は $1 - \dfrac{_{10}C_2}{_{13}C_2} = 1 - \dfrac{45}{78} = \dfrac{11}{26}$ となります.　　箸　$\dfrac{11}{26}$

問題16. 次の表は平成11年ドリームジャンボ宝くじ当せん金の内訳です。このくじ，1本あたりの当せん金の平均を求めなさい。

なお，表の値は1000万通当たりの当せん金です。

またこのくじは1本300円です。

等　　　級	当せん金	本　　　数
1　　　等	20000万円	2本
1等前後賞	5000万円	4本
1等組違賞	10万円	198本
2　　　等	1000万円	5本
3　　　等	100万円	50本
4　　　等	5万円	4000本
5　　　等	1万円	2万本
6　　　等	300円	100万本

解 $(20000\,万 \times 2 + 5000\,万 \times 4 + 10\,万 \times 198 + 1000\,万 \times 5 + 100\,万 \times 50 + 5\,万 \times 4000 + 1\,万 \times 2\,万 + 300 \times 100\,万) \div 1000\,万 = 141.98$

答　141.98円

当せん金の平均は141.98円です。購入金額300円より低くなるのは当然ですね。

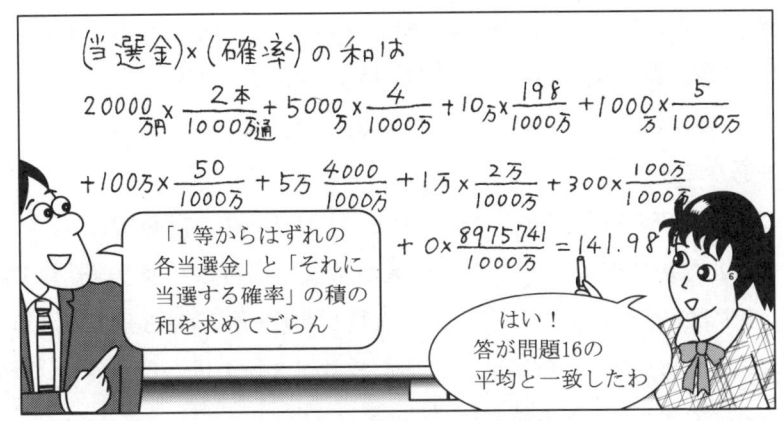

「1等からはずれの各当選金」と「それに当選する確率」の積の和を求めてごらん

はい！答が問題16の平均と一致したわ

(当選金)×(確率) の和は

$$20000\text{万円} \times \frac{2\text{本}}{1000\text{万通}} + 5000\text{万} \times \frac{4}{1000\text{万}} + 10\text{万} \times \frac{198}{1000\text{万}} + 1000\text{万} \times \frac{5}{1000\text{万}}$$

$$+ 100\text{万} \times \frac{50}{1000\text{万}} + 5\text{万}\frac{4000}{1000\text{万}} + 1\text{万} \times \frac{2\text{万}}{1000\text{万}} + 300 \times \frac{100\text{万}}{1000\text{万}}$$

$$+ 0 \times \frac{8975741}{1000\text{万}} = 141.98$$

　このように，(当せん金)×(確率) の和で求めた値は，くじ1本あたりの当せん金の平均と一致しますが，この値は，くじを1枚買ったときに期待できる当せん金額と考えることができます．そこでこの値を**期待値**といいます．特に値が金額の場合，**期待金額**ともいいます．

　一般に，右表のように x のとる値が $x_1, x_2, x_3, \cdots, x_n$ であってそれぞれの起こる確率が $P_1, P_2, P_3, \cdots, P_n$ であるとき

x	x_1	x_2	x_3	$\cdots$	x_n	計
確率	P_1	P_2	P_3	$\cdots$	P_n	1

期待値は $x_1P_1 + x_2P_2 + x_3P_3 + \cdots + x_nP_n$ で求まります．

　なお，$P_1 + P_2 + P_3 + \cdots + P_n = 1$ です．これは上の宝くじの例でいえば

$$\frac{2}{1000\text{万}} + \frac{4}{1000\text{万}} + \frac{198}{1000\text{万}} + \frac{5}{1000\text{万}} + \frac{50}{1000\text{万}} + \frac{4000}{1000\text{万}}$$

$$+ \frac{2\text{万}}{1000\text{万}} + \frac{100\text{万}}{1000\text{万}} + \frac{8975741}{1000\text{万}} = 1$$

となりますね．

問題17. 3枚のコインを同時に投げるとき，表の出る枚数の期待値を求めなさい．

解 3枚のコインを投げるとき起こりうる全ての場合をあげると

（表，表，表）（表，表，裏）（表，裏，表）（表，裏，裏）

（裏，表，表）（裏，表，裏）（裏，裏，表）（裏，裏，裏）

の8通りです.

　このうち表の枚数が0（つまり全て裏）は1通り（計算では $_3C_0 = _3C_3$ ですね）だから確率は $\frac{1}{8}$，表の枚数が1枚の場合は3通り（計算では $_3C_1$ ですね）だから確率は $\frac{3}{8}$，表の枚数が2枚の場合は3通り（計算では $_3C_2$ ですね）だから確率は $\frac{3}{8}$，表の枚数が3枚の場合は1通り（計算では $_3C_3$ ですね）だから確率は $\frac{1}{8}$.

表の数	0	1	2	3	計
確　率	$\frac{1}{8}$	$\frac{3}{8}$	$\frac{3}{8}$	$\frac{1}{8}$	1

よって期待値は $0 \times \frac{1}{8} + 1 \times \frac{3}{8} + 2 \times \frac{3}{8} + 3 \times \frac{1}{8} = 1.5$　　　　答 1.5枚

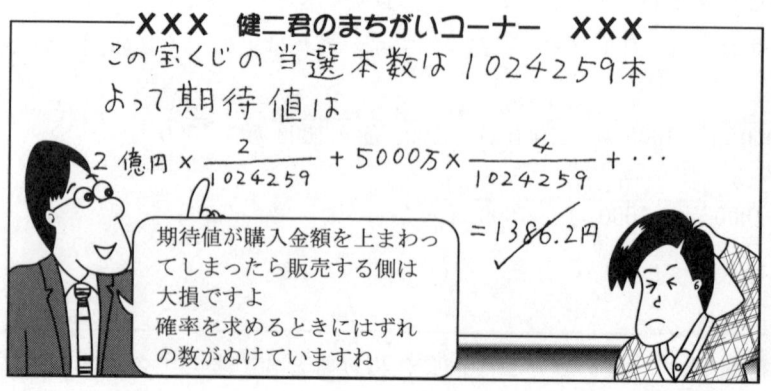

━━━×××　健二君のまちがいコーナー　×××━━━

この宝くじの当選本数は 1024259本
よって期待値は

2億円 × $\frac{2}{1024259}$ ＋ 5000万 × $\frac{4}{1024259}$ ＋ …

＝ 1386.2円 ✓

期待値が購入金額を上まわってしまったら販売する側は大損ですよ
確率を求めるときにはずれの数がぬけていますね

1. 1個のさいころを投げるとき，出る目の数の期待値を求めなさい．

2. トランプのダイヤ 3 枚とスペード 3 枚の合わせて 6 枚のカードから 2 枚を同時に引くとき，それに含まれるスペードのカードの枚数の期待値を求めなさい．

解答

1. 1個のさいころを投げるときの出る目と確率を表にします．

出る目	1	2	3	4	5	6	計
確 率	$\frac{1}{6}$	$\frac{1}{6}$	$\frac{1}{6}$	$\frac{1}{6}$	$\frac{1}{6}$	$\frac{1}{6}$	1

よって出る目の数の期待値は

$$1\times\frac{1}{6}+2\times\frac{1}{6}+3\times\frac{1}{6}+4\times\frac{1}{6}+5\times\frac{1}{6}+6\times\frac{1}{6}=3.5$$

となります．　　　　　　　　　　　　　　　　　　　　　　　答　3.5

2. カードをひいた 2 枚のうち，スペードの枚数が 0, 1, 2 である確率をまず求めます．

スペードが 0 枚（ダイヤ 3 枚からダイヤ 2 枚ひく確率）

$$\frac{{}_3C_2}{{}_6C_2}=\frac{3}{15}$$

スペードが 1 枚（スペード 3 枚からスペード 1 枚をひきダイヤ 3 枚からダイヤ 1 枚ひく確率）

$$\frac{{}_3C_1\times{}_3C_1}{{}_6C_2}=\frac{3\times3}{15}=\frac{9}{15}$$

スペードが 2 枚（スペード 3 枚からスペード 2 枚ひく確率）

$$\frac{{}_3C_2}{{}_6C_2}=\frac{3}{15}$$

よって期待値は $0\times\frac{3}{15}+1\times\frac{9}{15}+2\times\frac{3}{15}=1$ 枚となります．　答　1枚

第5章 三角比

§1 三角比の基礎

① 比とピタゴラスの定理

まず基本的なことを復習しましょう．

▶▶ 比の考え方

図において

$$\triangle \text{ABC} \overset{(相似)}{\backsim} \triangle \text{ADE}$$

のとき，対応する辺の長さの
比は等しいから

$$a : b = c : d$$

ですから

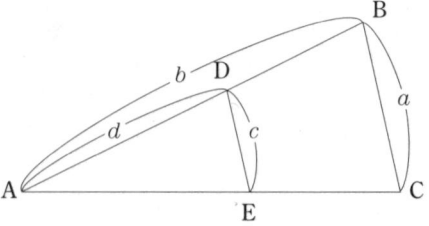

あるいは変形して

$$\underline{ad = bc}$$

▶▶ ピタゴラスの定理（三平方の定理ともいう）

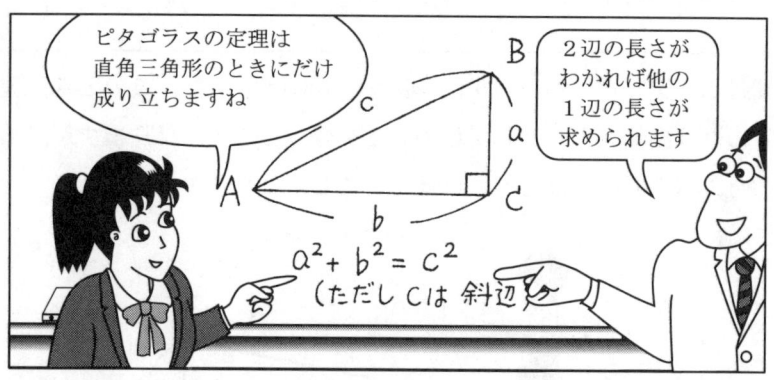

問題 1. 下の図において，x, y の長さを求めなさい．

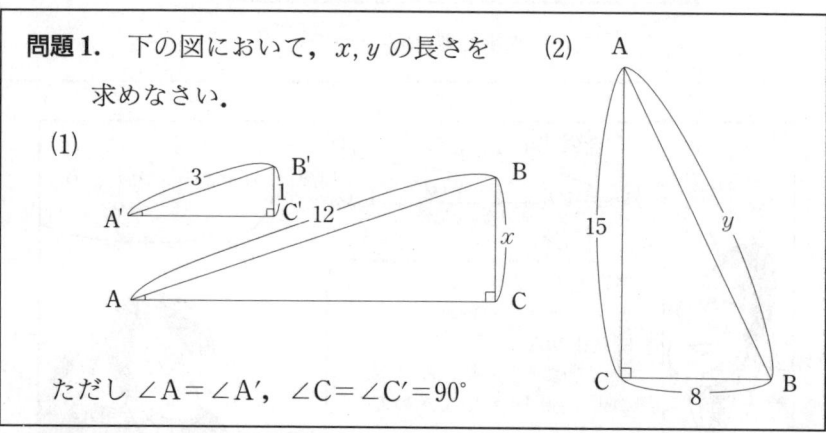

ただし ∠A＝∠A′，∠C＝∠C′＝90°

解

(1) 2角が等しいから，

$$△ABC \backsim △A'B'C'$$

となり

$$\frac{x}{12}=\frac{1}{3} \qquad \therefore x=\frac{1\times\overset{4}{\cancel{12}}}{\underset{1}{\cancel{3}}\times 1}=4$$

答 4

(2) △ABC は直角三角形ですから，ピタゴラスの定理より

$$15^2+8^2=y^2 \qquad y^2=225+64=289$$

$$\therefore \quad y=\pm 17$$

$y>0$ より $y=17$

答 17

② 三角比の約束

> **問題2.** 健二君は傾斜角 10° の坂道を 100 m 進んだ．このとき，健二君は出発点よりどれだけの高さを登ったことになりますか．また，水平方向にはどれだけ進んだことになりますか．
>
>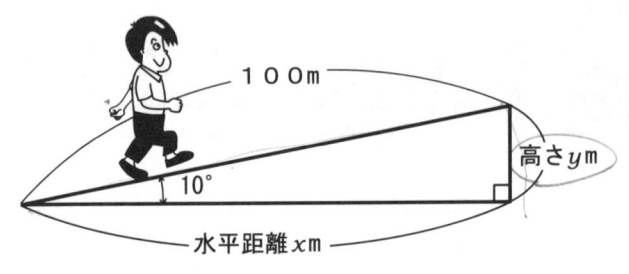

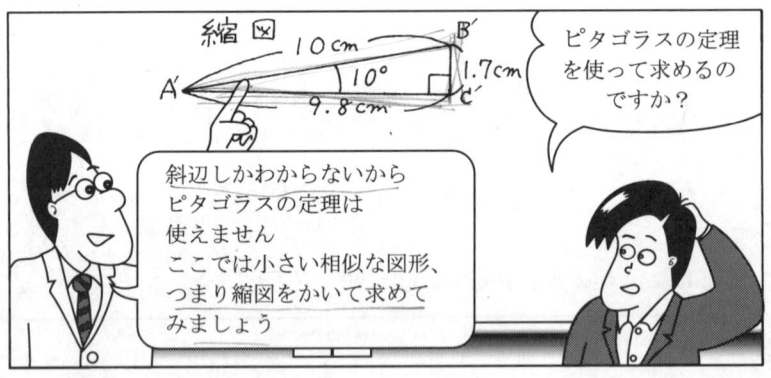

解 縮図をかいて求めてみます．縮図で A′B′=10 cm とし，実際に測ってみると，およそ B′C′=1.7 cm，A′C′=9.8 cm となりました．

したがって，△ABC∽△A′B′C′ ですから，対応する辺の比は等しい．したがって

$$\frac{y}{100} = \frac{1.7}{10} \qquad \qquad ①$$

$$10y = 170 \qquad \therefore \quad y = 17$$

また

$$\frac{x}{100} = \frac{9.8}{10} \qquad \qquad ②$$

$$10x = 980 \qquad \therefore \quad x = 98$$

答 高さ約 17 m，水平距離約 98 m

　ところで，直角三角形において直角でない他の 1 角が等しい三角形では相似になりますから，問題 2 の式①，②のように対応する辺の比はすべて等しくなります．

　そこで，これらの比の値を次のように新しい記号を使って表します．

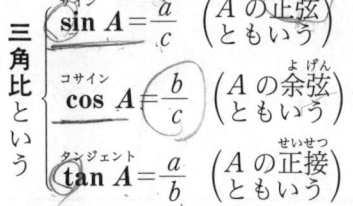

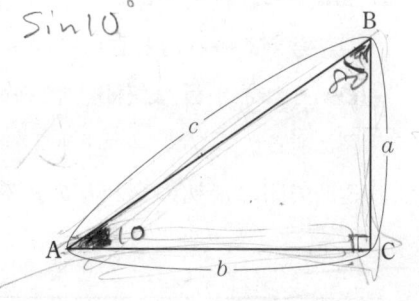

Sin10°

$$\text{三角比という} \begin{cases} \textbf{sin } A = \dfrac{a}{c} & \left(\begin{array}{l} A \text{の正弦} \\ \text{ともいう} \end{array}\right) \\[8pt] \textbf{cos } A = \dfrac{b}{c} & \left(\begin{array}{l} A \text{の余弦} \\ \text{ともいう} \end{array}\right) \\[8pt] \textbf{tan } A = \dfrac{a}{b} & \left(\begin{array}{l} A \text{の正接} \\ \text{ともいう} \end{array}\right) \end{cases}$$

　この記号を用いると，問題 2 では $\sin 10° = \dfrac{17}{100}$，$\cos 10° = \dfrac{98}{100}\left(=\dfrac{49}{50}\right)$，$\tan 10° = \dfrac{17}{98}$ と表されます．ただし，これらの値は縮図より求めた値なので近似値です．

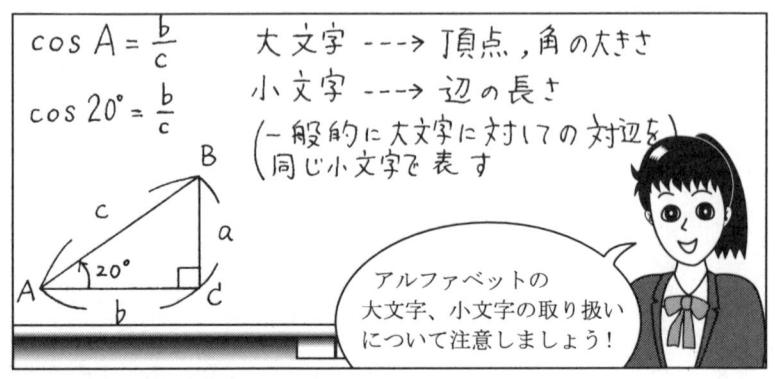

次の方法で，三角比を求める練習をしてください．

▶▶ 三角比の見つけ方

1 sin ざし，cos ざし法

(1) 考えている角と直角にはさまれる辺に太線を引く．

(2) それと平行な矢印（サ──→イン）を sin，垂直な矢印 $\downarrow$ を cos とする．

(3) 矢印の最初の交わりの辺を分母，後の交わりの辺を分子とする．

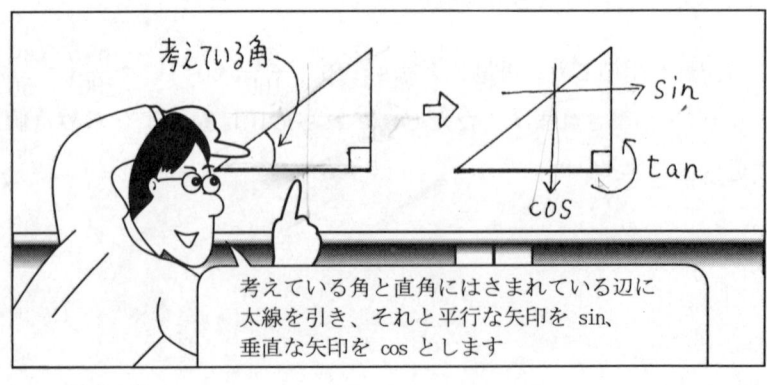

2 s.c.t 法

頭文字の書き方に関連して覚える.

問題3. 次の三角形において, $\sin \theta$, $\cos \theta$, $\tan \theta$ を求めなさい.

(θ はギリシア文字でシータと読み, 角度を表します.)

(1)

(2)

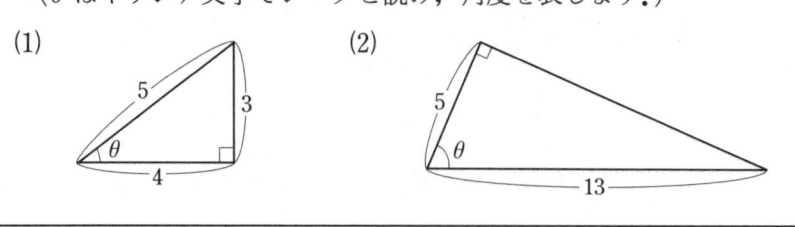

解 (1) 約束にしたがって

$$\sin \theta = \frac{3}{5} \qquad \cos \theta = {}^{ア}\boxed{\frac{4}{5}} \qquad \text{☞空らんをうめよ}$$

$$\tan \theta = {}^{イ}\boxed{\frac{3}{4}}$$

$\sin \theta = 0.6$, $\cos \theta = 0.8$, $\tan \theta = 0.75$ のように, 小数で表してもいいのです.

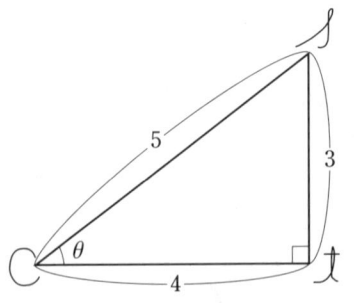

空らんの答 ア $\dfrac{4}{5}$　イ $\dfrac{3}{4}$

(2) θ の対辺を x とすると，ピタゴラスの定理より，$5^2+x^2=13^2$
したがって $x=12$．

$$\sin \theta = {}^{ア}\boxed{} \qquad \cos \theta = \dfrac{5}{13}$$

☞空らんをうめよ

$$\tan \theta = {}^{イ}\boxed{}$$

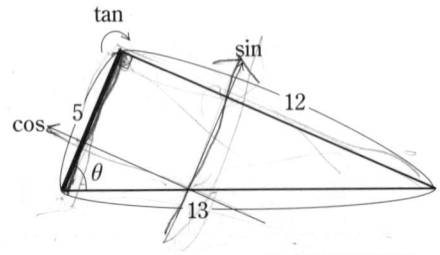

空らんの答 ア $\dfrac{12}{13}$　イ $\dfrac{12}{5}$

問題4. 次の図を見ながら表を完成させなさい.

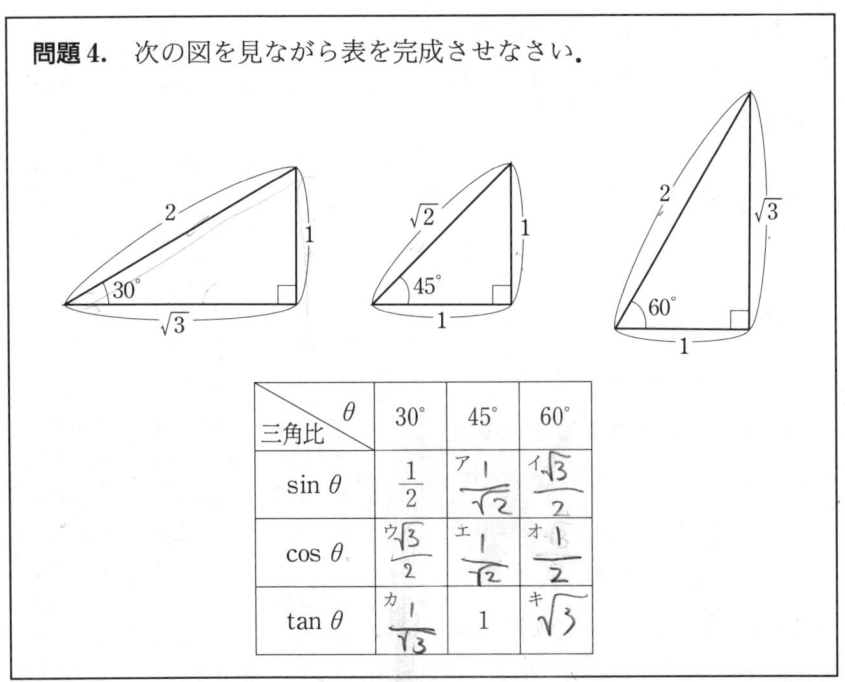

θ 三角比	30°	45°	60°
$\sin\theta$	$\dfrac{1}{2}$	$^{ア}\dfrac{1}{\sqrt{2}}$	$^{イ}\dfrac{\sqrt{3}}{2}$
$\cos\theta$	$^{ウ}\dfrac{\sqrt{3}}{2}$	$^{エ}\dfrac{1}{\sqrt{2}}$	$^{オ}\dfrac{1}{2}$
$\tan\theta$	$^{カ}\dfrac{1}{\sqrt{3}}$	1	$^{キ}\sqrt{3}$

解 $ア=\dfrac{1}{\sqrt{2}}$, $イ=\dfrac{\sqrt{3}}{2}$, $ウ=\dfrac{\sqrt{3}}{2}$, $エ=\dfrac{1}{\sqrt{2}}$, $オ=\dfrac{1}{2}$, $カ=\dfrac{1}{\sqrt{3}}$, $キ=\sqrt{3}$

③ 三角比の表

30°, 45°, 60° のような特別な角については, 図形よりその三角比が求められますが, その他の角については, 簡単には求められません. 1°ごとの三角比をまとめて表にしたのが, **三角比の表**です. その一部を176 ページに示します.

たとえば, 10° のときの三角比は, 表より

$$\sin 10°=0.1736$$

$$\cos 10°=0.9848$$

$$\tan 10°=0.1763$$

これを用いると，問題2は縮図を書かなくても，次のように求められます。

①は $\dfrac{y}{100} = 0.1736$

　∴　$y = 17.36$ （m）

②は $\dfrac{x}{100} = 0.9848$

　∴　$x = 98.48$ （m）

縮図で求めたよりずっと正確になります。

また，たとえば $\sin\theta = \dfrac{3}{5} = 0.6$ になる θ は，三角比の表を逆にたどれば，約 $37°$ になります。大変便利ですね。

θ	$\sin\theta$	$\cos\theta$	$\tan\theta$
0°	0.0000	1.0000	0.0000
⋮	⋮	⋮	⋮
10°	0.1736	0.9848	0.1763
⋮	⋮	⋮	⋮
25°	0.4226	0.9063	0.4663
⋮	⋮	⋮	⋮
28°	0.4695	0.8829	0.5317
29°	0.4848	0.8746	0.5543
30°	0.5000	0.8660	0.5774
31°	0.5150	0.8572	0.6009
32°	0.5299	0.8480	0.6249
33°	0.5446	0.8387	0.6494
34°	0.5592	0.8290	0.6745
35°	0.5736	0.8192	0.7002
36°	0.5878	0.8090	0.7265
37°	0.6018	0.7986	0.7536
38°	0.6157	0.7880	0.7813
⋮	⋮	⋮	⋮

ポケコンコーナー　8

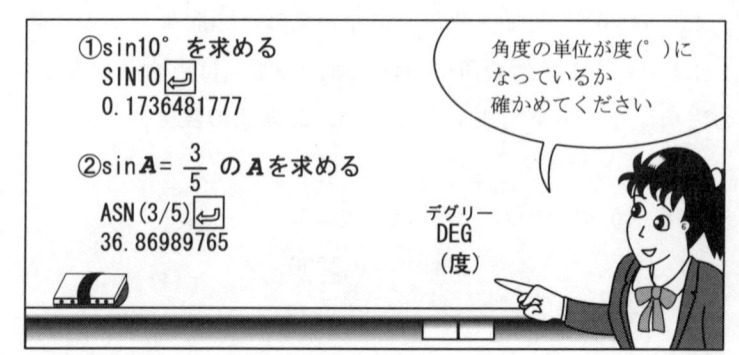

①sin10° を求める
SIN10 ↵
0.1736481777

②sinA＝$\dfrac{3}{5}$ の A を求める
ASN(3/5) ↵
36.86989765

角度の単位が度（°）になっているか確かめてください

デグリー
DEG
（度）

> **問題5.** あるケーブルカーは，傾斜角 25° の坂道を 1200 m 登ります．このケーブルカーは，どれくらいの高さに上がりますか．また水平距離も求めなさい．（前の三角比の表を用い，答は四捨五入して，小数第 1 位まで求めなさい．）

解 右の図のように高さを ym，水平距離を xm とおくと

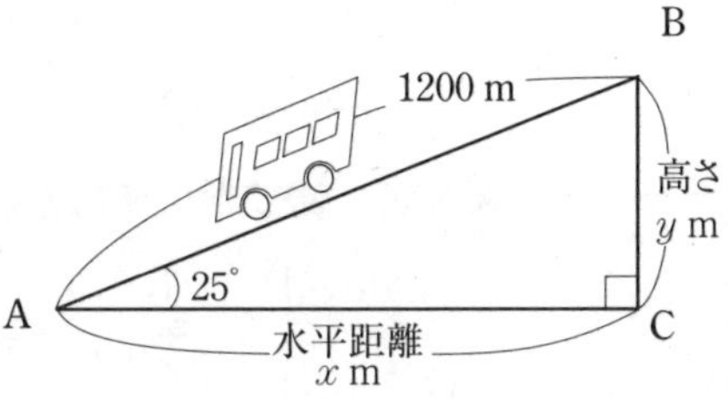

$$\sin 25° = \frac{y}{1200}$$

$$\cos 25° = \frac{x}{1200}$$

B

1200 m

高さ ym

A

25°

水平距離 xm

C

これより

$$y = 1200 \times \sin 25° = 1200 \times 0.4226 \fallingdotseq 507.1 \ (\text{m})$$
$$x = 1200 \times \cos 25° = 1200 \times 0.9063 \fallingdotseq 1087.6 \ (\text{m})$$
答

4/24

> **問題6.** 健二君が目の高さ 1.6 m より杉の木の先端を見上げたら 32° であった．杉の木の高さを求めなさい．ただし，健二君と杉の木との距離を 20 m とする．（答は四捨五入して小数第 1 位まで求めなさい．）

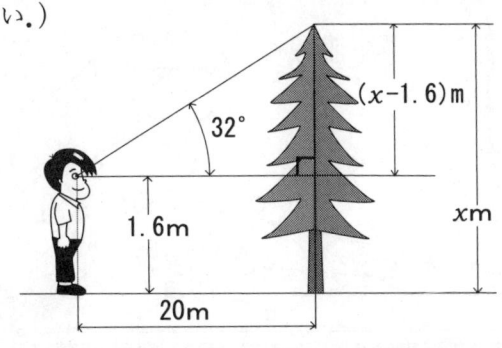

32°

$(x-1.6)$m

1.6m

xm

20m

解 杉の木の高さを x m とおけば，図より $\tan 32° = \dfrac{x-1.6}{20}$

三角比の表より $\tan 32° = 0.6249$ ですから

$$\frac{x-1.6}{20} = 0.6249$$

$$x - 1.6 = 20 \times 0.6249$$

$$x = 20 \times 0.6249 + 1.6 = 14.098$$

四捨五入すると $x = 14.1$ （m）　　　　　　　　**答**　14.1 m

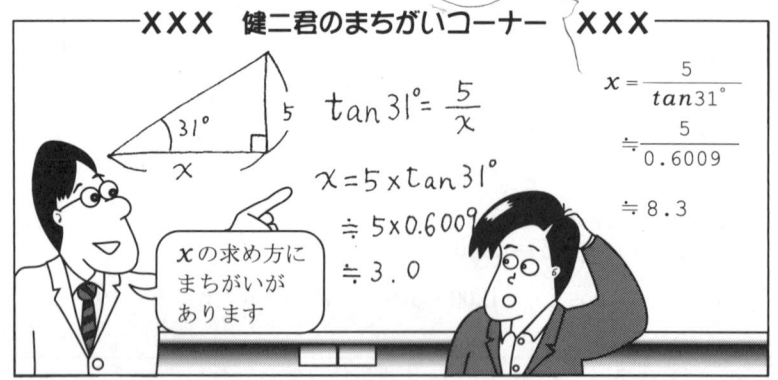

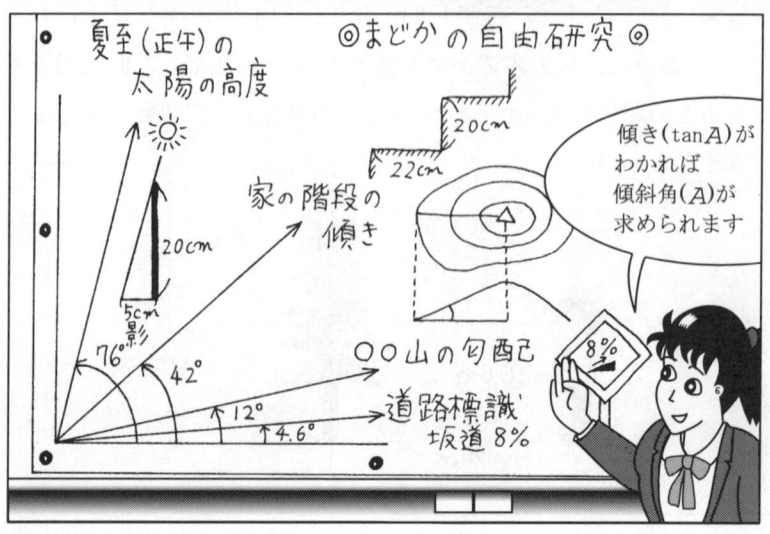

④ 三角比の相互関係

図より

$$\sin A = \frac{a}{c}$$

$$\cos A = \frac{b}{c}$$

$$\tan A = \frac{a}{b}$$

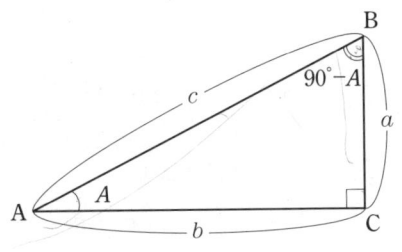

です.

さらに，B に着目すると

$$\sin B = \frac{b}{c}, \quad \cos B = \frac{a}{c}, \quad \tan B = \frac{b}{a}$$

となります．ここで $B = 90^\circ - A$ ですから，次の関係が成り立ちます．

$$\sin(90^\circ - A) = \cos A$$

$$\cos(90^\circ - A) = \sin A$$

$$\tan(90^\circ - A) = \frac{1}{\tan A}$$

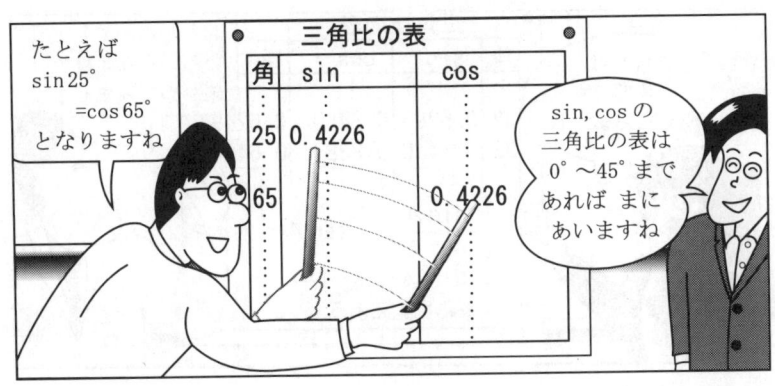

ところで，$a = c \sin A$，$b = c \cos A$ ですから

$$\tan A = \frac{c \sin A}{c \cos A} = \frac{\sin A}{\cos A}$$

したがって

$$\boxed{\tan A = \frac{\sin A}{\cos A}}$$

また，ピタゴラスの定理より

$$a^2 + b^2 = c^2$$

ここで，$a = c \sin A$，$b = c \cos A$ ですから，これを代入して

$$(c \sin A)^2 + (c \cos A)^2 = c^2$$

$$c^2 (\sin A)^2 + c^2 (\cos A)^2 = c^2$$

$c^2 \neq 0$ ですから，両辺を c^2 で割って

$$(\sin A)^2 + (\cos A)^2 = 1$$

ここで，$(\sin A)^2$，$(\cos A)^2$ は通常 $\sin^2 A$，$\cos^2 A$ と表しますから

$$\boxed{\sin^2 A + \cos^2 A = 1}$$

サインまたはコサインの一方がわかると，$\sin^2 A + \cos^2 A = 1$ よりもう一方が，また $\tan A = \dfrac{\sin A}{\cos A}$ よりタンジェントの値が求められます．

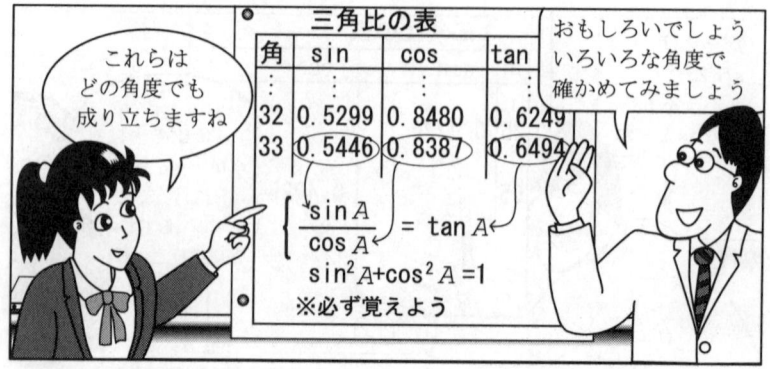

問題7. $\sin A = \dfrac{4}{5}$ のとき，$\cos A$，$\tan A$ を求めなさい．ただし $A < 90°$ とします．

解 $\sin A = \dfrac{4}{5}$ を $\sin^2 A + \cos^2 A = 1$ に代入して

$$\left(\frac{4}{5}\right)^2 + \cos^2 A = 1$$
$$\cos^2 A = 1 - \left(\frac{4}{5}\right)^2 = \frac{9}{25}$$
$$\cos A = \pm \frac{3}{5}$$

$\cos A > 0$ ですから

$$\cos A = \frac{3}{5} \quad \boxed{答}$$

また

$$\tan A = \frac{\sin A}{\cos A} = \left(\frac{4}{5}\right) \div \left(\frac{3}{5}\right) = \frac{4 \times \overset{1}{\cancel{5}}}{\cancel{5} \times 3}_{1}$$
$$= \frac{4}{3} \quad (\boxed{答})$$

右のように図をかいて考えると
わかりやすいでしょう．

ピタゴラスの定理より
$$x = \sqrt{5^2 - 4^2} = 3$$

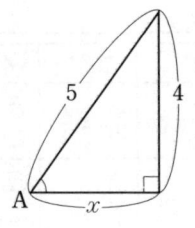

⑤ **三角比と座標**

座標平面上で三角比を考えてみます．

いま，第1象限に点 P(x, y) をとり，原点からの距離を r とおきま

す．下の図のように三角形をつくると，三角比の約束より

$$\sin \theta = \frac{y}{r}$$

$$\cos \theta = \frac{x}{r}$$

$$\tan \theta = \frac{y}{x}$$

となります．三角形にならない $\theta = 90°$
のときは，$P(0, r)$ となりますから，

$$\sin 90° = \frac{r}{r} = 1,$$

$$\cos 90° = \frac{0}{r} = 0,$$

$$\tan 90° = \frac{r}{0}$$

（分母が 0 となるから値なし）

となります．

θ が $90°$ 以上の場合も上と同様に考えることができます．

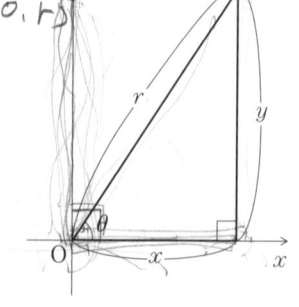

角	0°	30°	45°	60°	90°
sin	$\frac{\sqrt{0}}{2}=0$	$\frac{\sqrt{1}}{2}=\frac{1}{2}$	$\frac{\sqrt{2}}{2}$	$\frac{\sqrt{3}}{2}$	$\frac{\sqrt{4}}{2}=1$
cos	$\frac{\sqrt{4}}{2}=1$	$\frac{\sqrt{3}}{2}$	$\frac{\sqrt{2}}{2}$	$\frac{\sqrt{1}}{2}=\frac{1}{2}$	$\frac{\sqrt{0}}{2}=0$
tan	$\frac{\sqrt{0}}{\sqrt{4}}=0$	$\frac{\sqrt{1}}{\sqrt{3}}=\frac{1}{\sqrt{3}}$	$\frac{\sqrt{2}}{\sqrt{2}}=1$	$\frac{\sqrt{3}}{\sqrt{1}}=\sqrt{3}$	$\frac{\sqrt{4}}{\sqrt{0}}$

このように
おぼえると
楽しいね

1. 図の直角三角形において，$\sin A$，$\cos A$，$\tan A$ の値を求めなさい．

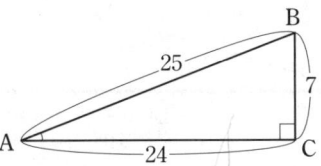

2. 図の直角三角形において，次の値を求めなさい．

(1) c　　　(2) $\sin A$

(3) $\tan A$　　(4) $\cos B$

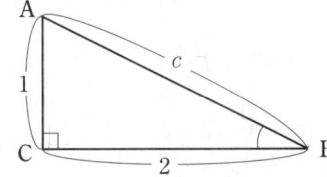

3. 図の x, y, z の長さを求めなさい．（176 ページの三角比の表を用いて小数第 1 位まで求めなさい．）また，θ の大きさを求めなさい．

(1)

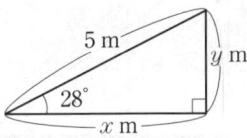

(2)

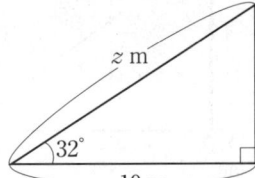

(3)

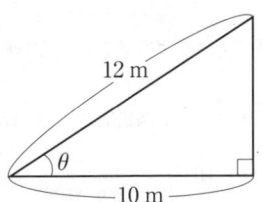

4. 直角三角形 ABC において，$\cos A = \dfrac{2}{7}$ であるとき，$\sin A$，$\tan A$ を求めなさい．

解答

1. sin ざし，cos ざしより

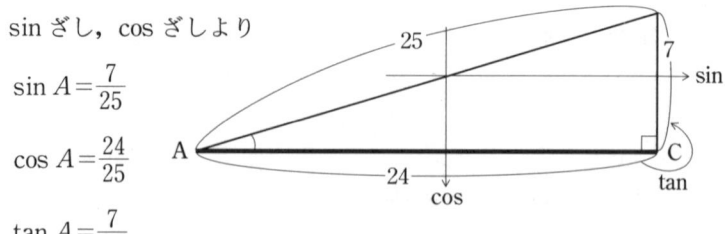

$$\sin A = \frac{7}{25}$$

$$\cos A = \frac{24}{25}$$

$$\tan A = \frac{7}{24}$$

2. (1) ピタゴラスの定理より，$c^2 = 1^2 + 2^2 = 5$．$c > 0$ より $c = \sqrt{5}$

(2) $\sin A = \dfrac{2}{\sqrt{5}}$

(3) $\tan A = \dfrac{2}{1} = 2$

(4) $\cos B = \dfrac{2}{\sqrt{5}}$

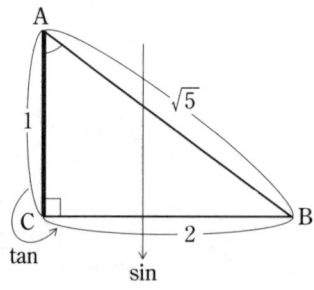
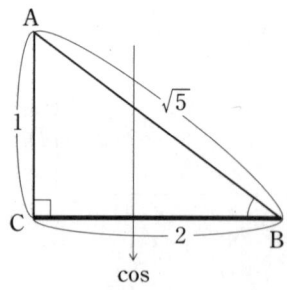

3. (1) $\cos 28° = \dfrac{x}{5}$ より $x = 5 \times \cos 28° = 5 \times 0.8829 ≒ 4.4$ (m)

また，$\sin 28° = \dfrac{y}{5}$ より $y = 5 \times \sin 28° = 5 \times 0.4695 ≒ 2.3$ (m)

(2) $\cos 32° = \dfrac{10}{z}$ より $z = \dfrac{10}{\cos 32°} = \dfrac{10}{0.8480} ≒ 11.8$ (m)

(3) $\cos \theta = \dfrac{10}{12} = 0.8333$ を満足する θ の値を三角比の表より読みとって $\theta ≒ 34°$

4. $\sin^2 A+\left(\dfrac{2}{7}\right)^2=1, \ \sin^2 A=1-\dfrac{4}{49}$

$\sin A=\pm\sqrt{\dfrac{45}{49}}=\pm\dfrac{3\sqrt{5}}{7}$

$\sin A>0$ より

$\qquad \sin A=\dfrac{3\sqrt{5}}{7}$

また

$\qquad \tan A=\dfrac{\sin A}{\cos A}=\left(\dfrac{3\sqrt{5}}{7}\right)\div\left(\dfrac{2}{7}\right)$

$\qquad\qquad =\dfrac{3\sqrt{5}\times7}{7\times2}=\dfrac{3\sqrt{5}}{2}$

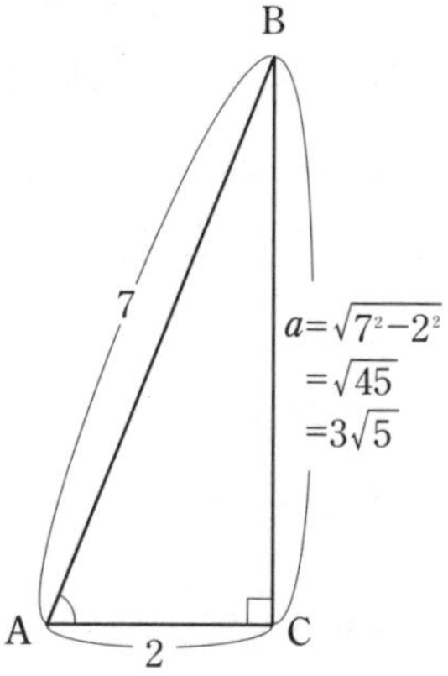

（図のBの角に7、aの辺に $a=\sqrt{7^2-2^2}=\sqrt{45}=3\sqrt{5}$、底辺ACに2の直角三角形）

答　$\sin A=\dfrac{3\sqrt{5}}{7}, \ \tan A=\dfrac{3\sqrt{5}}{2}$

（図のような方法で求めてもよい.）

§2　三角比の応用

三角比を用いて，三角形の辺の長さや角の大きさなどの関係について調べてみましょう.

① 正弦定理と余弦定理

これから測量に使われる便利な定理を学びます.

正 弦 定 理

$$\dfrac{a}{\sin A}=\dfrac{b}{\sin B}=\dfrac{c}{\sin C}=2R$$

（ただし R は△ABC の外接円の半径）

これらを ∠A が鋭角の場合について証明します.

右の図で△ABC の外接円の中心を O とすると

$A = A'$ （弧 BC の円周角だから）

∠BCA′$ = 90°$ （直径に対する円周角だから）

ですから

$$a = 2R \sin A' = 2R \sin A$$

したがって

$$\frac{a}{\sin A} = 2R$$

B, C についても同様ですから，定理が成立します.

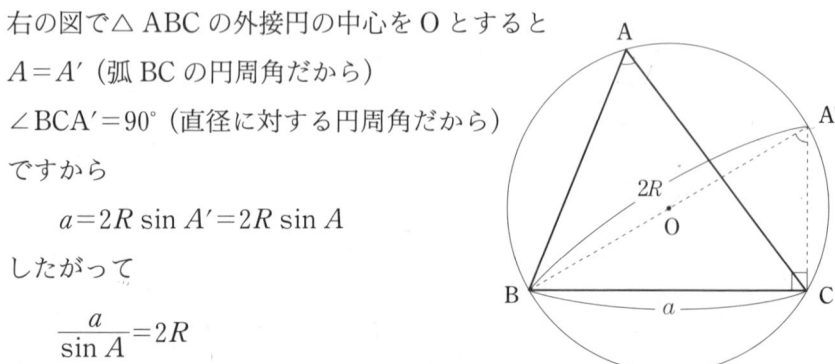

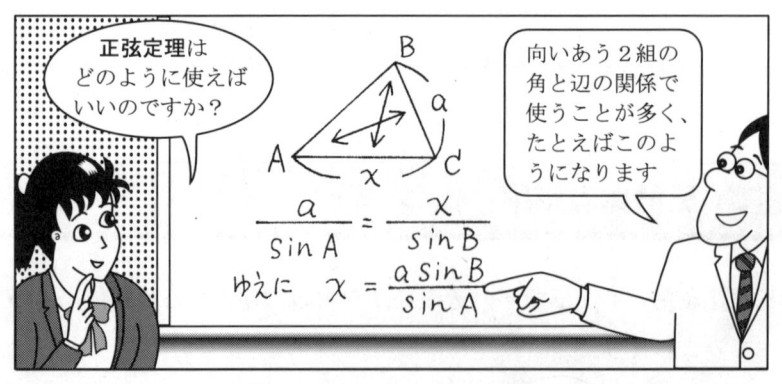

問題9. B地点，C地点より川向こうのA地点を見たら，B＝60°，C＝75°となった．辺BC＝30 (m) のとき，距離 x を求めなさい．

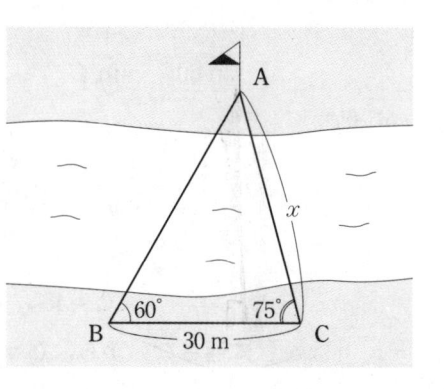

解 $A=180°-60°-75°=45°$

正弦定理より

$$\frac{30}{\sin 45°}=\frac{x}{\sin 60°}$$

したがって

$$x=\frac{30\times\sin 60°}{\sin 45°}=\frac{30\times\left(\frac{\sqrt{3}}{2}\right)}{\left(\frac{1}{\sqrt{2}}\right)}$$

$$=\frac{30\times\sqrt{3}\times\sqrt{2}}{2\times 1}=15\sqrt{6}$$

答 $15\sqrt{6}$ m

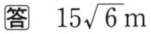

問題10. △ABC がある．$b=\sqrt{6}$，$c=2$，$B=60°$ のとき，C の大きさを求めなさい．

また，外接円の半径 R を求めなさい．

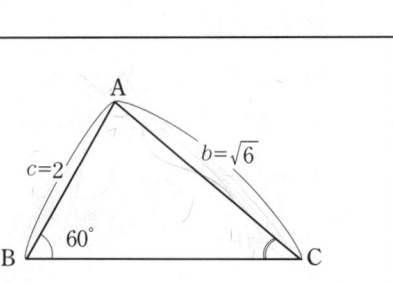

解 正弦定理より

$$\frac{^{ア}\boxed{\phantom{\sqrt{6}}}}{\sin 60°} = \frac{^{イ}\boxed{}}{\sin C}$$

☞空らんの中をうめよ

したがって

$$\sin C = \frac{2\sin 60°}{\sqrt{6}} = \frac{2}{\sqrt{6}} \times {}^{ウ}\boxed{} = \frac{1}{\sqrt{2}}$$

ですから

$$C = 45°, \quad 135°$$

$C = {}^{エ}\boxed{}$ は題意に適さないから，$C = 45°$

$$\frac{\sqrt{6}}{\sin 60°} = 2R \quad より \quad R = \frac{\sqrt{6}}{2\times \sin 60°} = \frac{\sqrt{6}}{\sqrt{3}} = \sqrt{2}$$

答 $C = 45°, \ R = \sqrt{2},$

  空らんの答 ア$= \sqrt{6}$，イ$=2$，ウ$=\dfrac{\sqrt{3}}{2}$，エ$=135°$

余 弦 定 理
$$a^2 = b^2 + c^2 - 2bc\cos A$$

これを ∠A が鋭角の場合について証明してみます．

△ABC でC より辺 AB におろした垂線の足を H とすると，ピタゴラスの定理より

$a^2 = CH^2 + HB^2$

$\quad = (b\sin A)^2 + (c - b\cos A)^2$

$\quad = b^2(\sin^2 A + \cos^2 A) + c^2 - 2bc\cos A$

$\quad = b^2 + c^2 - 2bc\cos A$

（証明終り）

∠A が直角の場合には，$\cos A = 0$ ですからピタゴラスの定理になります．∠A が鈍角の場合も，この定理は成り立ちます．

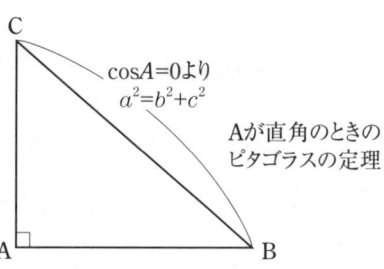

$\cos A = 0$ より
$a^2 = b^2 + c^2$

Aが直角のときの
ピタゴラスの定理

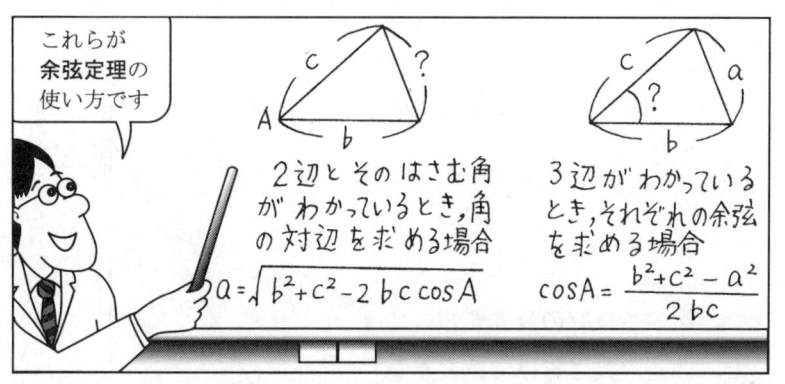

これらが**余弦定理**の使い方です

2辺とそのはさむ角がわかっているとき，角の対辺を求める場合
$a = \sqrt{b^2 + c^2 - 2bc\cos A}$

3辺がわかっているとき，それぞれの余弦を求める場合
$\cos A = \dfrac{b^2 + c^2 - a^2}{2bc}$

問題11. 測量したら右の図のように求められた．

池の両端の間の距離 BC を求めてください．

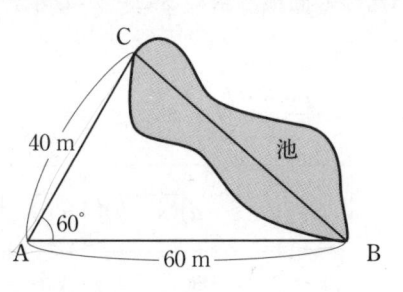

解 BC $= x$ とおいて余弦定理に代入して

$$x^2 = 40^2 + 60^2 - 2 \times 40 \times 60 \times \cos 60°$$

$$= 1600 + 3600 - 4800 \times \frac{1}{2} = 2800$$

$x > 0$ より $\quad x = \sqrt{2800} = \sqrt{(20)^2 \times 7} = 20\sqrt{7}$ **答** $20\sqrt{7}$ m

② 三角形の面積

よく知られている三角形の面積の公式は

$$S = \frac{1}{2} bh$$

（ただし b は底辺，h は高さ）でした．これを三角比を使った式で表してみましょう．

$h = c \sin A$ ですから，これを上の式に代入して

$$S = \frac{1}{2} bc \sin A$$

また，次の**ヘロンの公式**を知っていると，3辺の長さだけで，どんな三角形の面積も求めることができます．

$s = \dfrac{a+b+c}{2}$ とおくと

$$S = \sqrt{s(s-a)(s-b)(s-c)}$$

となります．やや難しそうな式ですが，知っていると便利です．

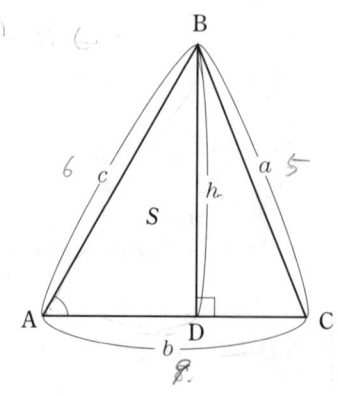

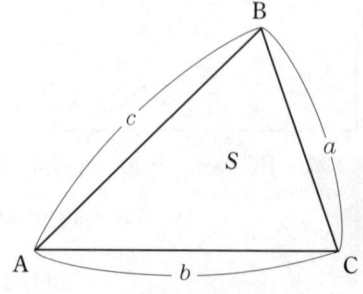

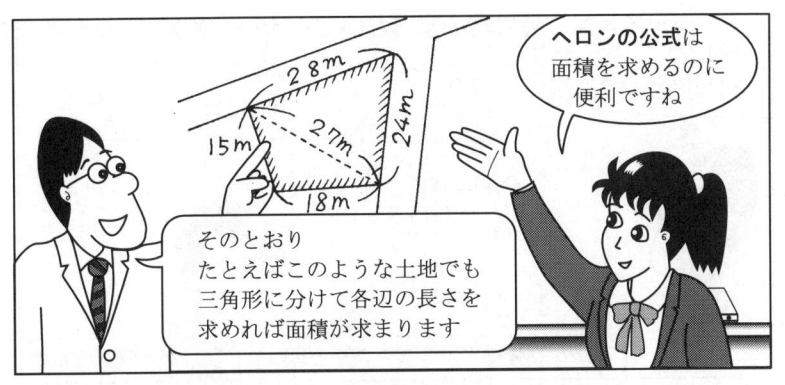

ヘロンはギリシャ時代 (130?〜75? B.C) の数学者です.

問題13. 次の四角形の土地の面積を求めなさい.

（もちろん2つの三角形に分けて計算しましょう.）

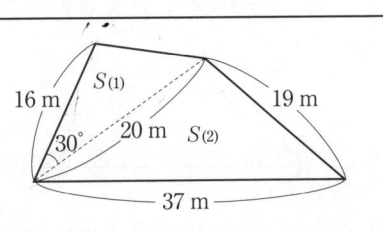

解

(1)の三角形の面積は

$$S_{(1)} = \frac{1}{2} \times 16 \times 20 \times \boxed{}$$
$$= \frac{1}{2} \times 16 \times 20 \times \left(\frac{1}{2}\right)$$
$$= 80 \ (\text{m}^2)$$

(2)の三角形の面積は，ヘロンの公式を用いて

$$s = \frac{19 + 20 + 37}{2} = 38$$
$$S_{(2)} = \sqrt{38(38-19)(38-20)(38-37)}$$
$$= \sqrt{38 \times 19 \times 18 \times 1} = 114 \ (\text{m}^2)$$

$$S = S_{(1)} + S_{(2)} = 80 + 114 = 194 \ (\text{m}^2) \quad \boxed{\text{答}}$$

空らんの答 $\sin 30°$

━━━ 練習問題 ━━━

1. 図の三角形の a, A を求めなさい.

(1)

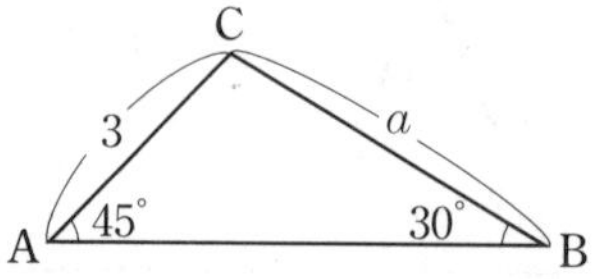

C

3　　　　　a

A 45°　　　30° B

(2)

B

$\sqrt{2}$　　　$\sqrt{6}$

C 60°　　　　　　　A

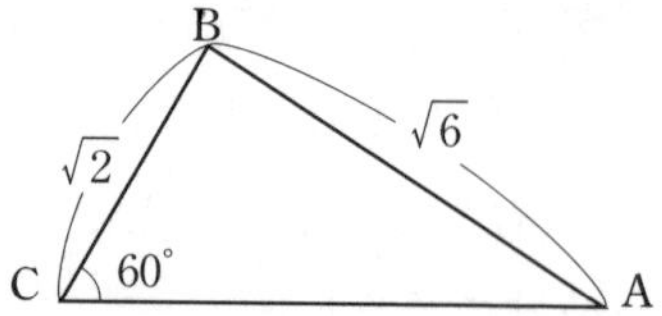

2. 図の三角形の a, A を求めなさい.

(1)

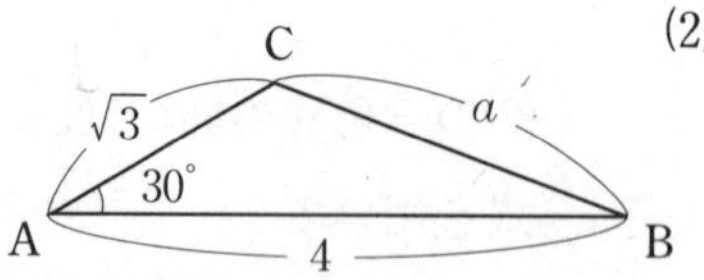

C

$\sqrt{3}$　　　a

30°

A　　　4　　　B

(2)

C

3　　　$\sqrt{5}$

A　$\sqrt{2}$　B

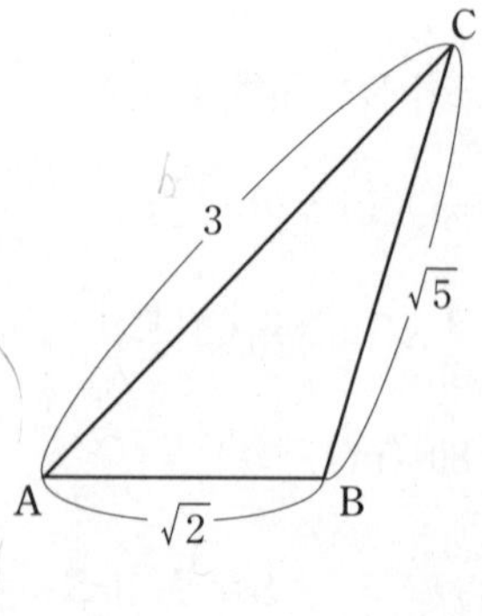

3. 次の三角形の面積を求めなさい.

(1)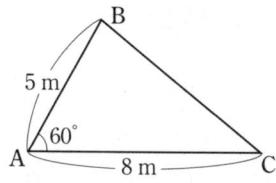

(2)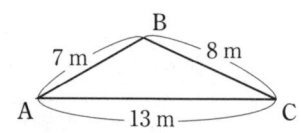

[解答]

1. (1) 正弦定理より

$$\frac{a}{\sin 45^\circ} = \frac{3}{\sin 30^\circ}$$

$$a = \frac{3 \times \sin 45^\circ}{\sin 30^\circ} = 3 \times \left(\frac{1}{\sqrt{2}}\right) \div \left(\frac{1}{2}\right)$$

$$= \frac{3 \times 2}{\sqrt{2}} = 3\sqrt{2} \quad (答)$$

(2) 正弦定理より

$$\frac{\sqrt{6}}{\sin 60^\circ} = \frac{\sqrt{2}}{\sin A}$$

$$\sin A = \frac{\sqrt{2} \times \sin 60^\circ}{\sqrt{6}}$$

$$= \frac{\sqrt{2}}{\sqrt{6}} \times \left(\frac{\sqrt{3}}{2}\right)$$

$$= \frac{1}{2}$$

ですから $A = 30^\circ$, 150°

三角形の内角の和は 180° だから

150° は適さない

$$A = 30^\circ \quad (答)$$

2. (1) 余弦定理より

$$a^2 = (\sqrt{3})^2 + 4^2 - 2 \times \sqrt{3} \times 4 \cos 30^\circ$$

$$= 3 + 16 - 8\sqrt{3} \times \left(\frac{\sqrt{3}}{2}\right)$$

$$= 3 + 16 - 12$$

$$= 7$$

$a > 0$ より $a = \sqrt{7}$ (答)

(2) 余弦定理より

$$(\sqrt{5})^2 = 3^2 + (\sqrt{2})^2 - 2 \times 3$$
$$\times \sqrt{2} \cos A$$

$$5 = 9 + 2 - 6\sqrt{2} \cos A$$

$$\therefore \quad 6\sqrt{2} \cos A = 6$$

$$\cos A = \frac{1}{\sqrt{2}}$$

$0^\circ < A < 180^\circ$ より $A = 45^\circ$ (答)

3. (1) $S = \dfrac{1}{2} \times 5 \times 8 \times \sin 60°$

$\qquad = 20 \times \left(\dfrac{\sqrt{3}}{2} \right)$

$\qquad = 10\sqrt{3}$ (m²) （答）

(2) ヘロンの公式より

$s = \dfrac{7+8+13}{2} = 14$

$S = \sqrt{14(14-7)(14-8)(14-13)}$

$\quad = \sqrt{14 \times 7 \times 6 \times 1}$

$\quad = \sqrt{14^2 \times 3} = 14\sqrt{3}$ (m²) （答）

TOPICS

実際に木の高さを求めてみよう

　分度器をコピーして切り厚紙にはります．中心Oに穴をあけ，糸を通し，5円玉をつるし，それを使って実際に木の高さを求めてみましょう．

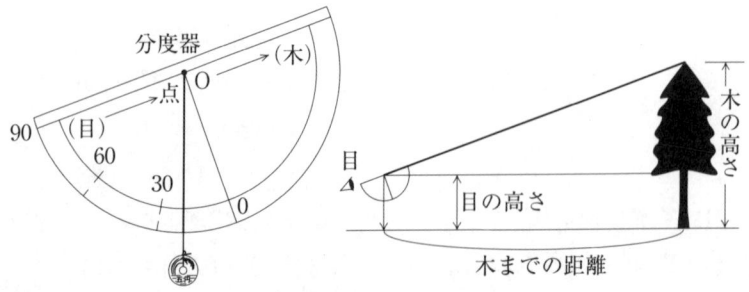

$$(木の高さ) = (距離) \times (\tan \theta) + (目の高さ)$$

となり，求めることができます．

　木までの距離は自分の歩幅を知っているとおよその距離が求められますし，三角比の表がなければ，距離を調整し角度 θ を約 27° にとれば $\tan 27° \fallingdotseq 0.5$ となりスムーズに計算できます．

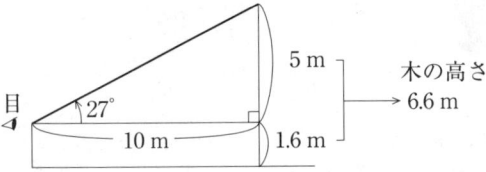

5 m

木の高さ
→ 6.6 m

27°

10 m

1.6 m

目

　つけ加えますが，$\theta = 45°$ のときでも計算が楽なのですが，この場合木の頂上は意外とみつけにくいものですよ．

釣りでわかる三角比

　三角比は直角三角形をもとに辺の比について考えています．だから，角度 θ が $90°$ より小さい角では図を見ながら三角比を容易に求めることができますが，θ が $90°$ 以上になると座標の考え方を使うので急にわかりにくくなります．そこで次のように考えて理解してください．

　最近，釣りブームなので釣りの話におきかえて考えます．ボートに乗った釣り人が長さ 1 のさおを持ち釣り糸をたらしたとします．座標上の原点の位置にいる釣り人が x 軸の正の方向を向いています．

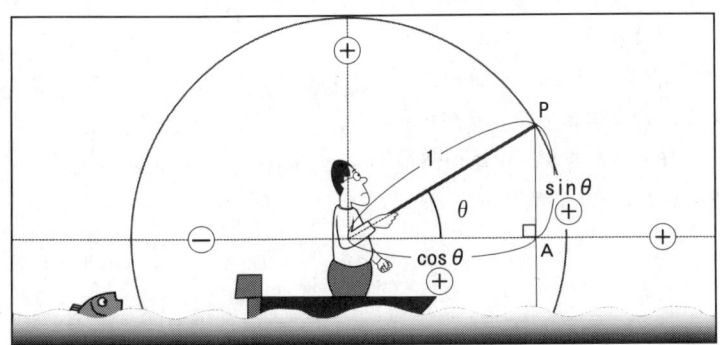

　釣りざおの先端を点 P，釣り糸が水面についている位置を点 A，水面と釣りざおとのなす角を θ とおくと

$$\sin\theta=\frac{PA}{OP}=PA$$

$$\cos\theta=\frac{OA}{OP}=OA$$

したがって，水面より上に出ている糸の長さ PA が $\sin\theta$ となり，釣り人と釣り糸との距離 OA が $\cos\theta$ となります．

釣り人の前方がプラス，後方がマイナスと考えると，θ が $90°$ より大きいとき（こんなかっこうで釣る人はいませんが）$\cos\theta$ はマイナスとなります．$\sin\theta$ は高さ PA と考えプラスのままとなります．

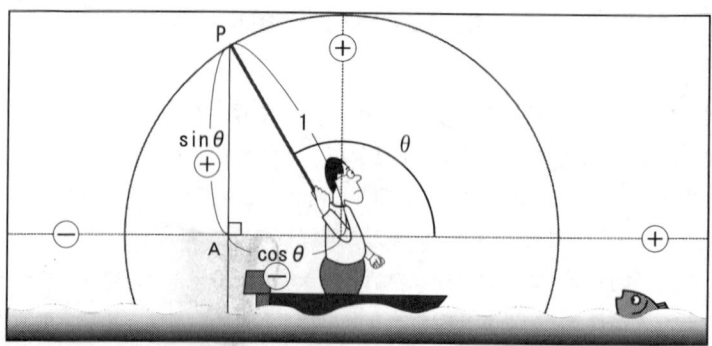

このように考えて，$\cos\theta$ は $90°$ をすぎたら符号が変わりマイナスになると覚えてください．

この考えによると，θ が $0°$，$90°$，$180°$ のときも三角比の値が求めやすくなります．

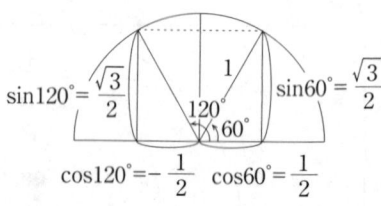

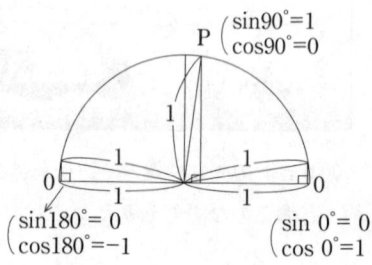

索　引

執筆者紹介 （執筆順：2000 年 9 月現在）

田村和夫　小松原高等学校教諭

小柴誠一　群馬県立中央高等学校教諭

瀬沼　聡　群馬県立渋川工業高等学校教諭

坂本範行　群馬県立館林商工高等学校教諭

松浦健治　群馬県立太田女子高等学校教諭

道脇義正　前橋工科大学学長

音田　功　前群馬大学工学部教授

斎藤三郎　群馬大学工学部教授

楽しい数学（第2版）　　　Printed in Japan

1985年 4 月15日　第 1 版第 1 刷発行©
2000年10月25日　第 2 版第 1 刷発行©

著　者　数学基礎学力研究会

発行所　東京図書株式会社

〒112-0005東京都文京区水道 2-5-22
振替00140-4-13803電話03（3814）7818〜9

ISBN 4-489-00602-0

Excelでやさしく学ぶ行列・行列式

●室 淳子・石村貞夫 著───B5判変形　　行列はとってもカンタン

数学の本にしか登場しないと思われていた行列・行列式が，最近では金融・証券をはじめ多くの分野で利用され始めている。この本では，難解な固有値・固有ベクトルまでもが，手にとるように理解できる。

Excelでやさしく学ぶ微分積分

●室 淳子・石村貞夫 著───B5判変形　　微積分はとってもカンタン

微積分をすっかり忘れてしまった人のためのやさしくてわかりやすい入門書。関数や接線のグラフ表示から統計学で使われる標準正規分布の説明まで。目で見て納得できるように書かれている。

Excelでやさしく学ぶ統計解析

●室 淳子・石村貞夫 著───B5判変形　　統計学はとってもカンタン

初めて手にする，やさしくてわかりやすい統計学の入門書。Excelの使い方にまだ慣れていない人でも，画面通りにデータを入力，クリックするだけですぐ理解できるように書かれている。

Excelでやさしく学ぶ多変量解析

●室 淳子・石村貞夫 著───B5判変形　　統計学はとってもカンタン

Excelにまだ慣れていない人でも，この本の画面が指示する手順通りにクリックしていけば，重回帰分析，主成分分析，判別分析，さらに因子分析といった多変量解析の手法を，手にとるように理解できる。